天文100問

第一本扣合中小學自然課綱的天文百科！

最強圖解 × 超酷實驗

破解一百個不可思議的

宇·宙·祕·密

文——
周美吟 中研院天文所計畫科學家
歐柏昇 科普作家

圖——陳彥伶

總監修——朱有花 天文學家

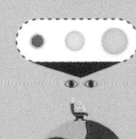

序文

跟著臺灣天文學家
探索未知的宇宙世界

天文是大家最感興趣、科普新聞討論熱度最高的主題之一。然而，人們不管是追逐日食、月食、流星雨等天文奇景，或觀看黑洞照片、發現新星等媒體報導的天文新知，往往只是片段的感到驚奇。其實這背後的知識，是從古至今無數科學家投入觀測、發現與探索累積而成。在你我所不知道的時刻、正在不停進展的天文科學里程更是精彩萬分，卻無法在人們心中連結成可應用的資訊脈絡，是比較可惜的一件事。

臺灣有許多頂尖天文科學家，在國際上的合作研究都有傑出的成果，若能由臺灣的研究者向人們說明這片星空後面的精彩知識，那會是很棒的事。因此親子天下的編輯團隊特別與享譽國際的天文學者——中央研究院天文所特聘研究員暨前所長朱有花、中央研究院天文所計畫科學家周美吟，以及科普作家歐柏昇等專業天文學者合作，編撰由臺灣本土研究者親自撰寫的天文百科。我們期待這本《天文100問》，能將看似抽象又不易理解的天文知識，用有系統又易懂、有趣的方式分享給孩子。

天文看似離我們很遠，實則與人們關聯緊密。書中利用清楚的圖表說明各天體的基本結構、形成原因與比較資訊。同時破解平時常聽見的天文迷思，並為耳熟能詳的傳說故事提供解說。作者們從淺顯清楚的基礎知識出發，結合生活常見的景象漸進說明，消弭了天文知識的距離感。我們期待讀者們藉由這本書，從各角度了解天文知識，在其中收穫感動與樂趣；也期待讀者將這些知識應用於生活中的觀察與媒體資訊判讀，擴展心中的知識星圖。

為孩子準備天文知識的沃土

小學時，無意間在《小牛頓》雜誌上看到星系和星雲照片，心中讚嘆不已，埋下對天文有興趣的小小種子。上了高中，才知道這些神祕天體的運行，其實可以透過物理和數學來深入了解，讓我立下要研究天文的目標。在求學路上我很幸運，但現在回頭想想，小時候對天文的認識，就只有美麗的星空照片，天體的本質和背後的運行機制其實是一知半解。

這次親子天下邀請寫書，真是我始料未及。儘管我自認為已經用比較簡單的說法來回答問題，但還是多虧了欣靜和淳雅的幫忙，反覆確認和校稿，並添加了一些小故事，也謝謝彥伶的插畫，才讓內容更平易近人。希望透過這本書，將天文知識傳遞給下一代的小小讀者，並期許他們能繼續保持對宇宙萬物的好奇心！

周美吟
中研院天文所計畫科學家

與孩子一同探索宇宙的知識寶藏

2019 年的黑洞影像與 2020 年的日環食，促成臺灣民眾的天文熱。天文現象令人大開眼界，原來我們在繁忙的生活裡不是只能坐困愁城，其實置身於如此精彩的宇宙中。

我們每個人都住在宇宙的大世界裡，這個美麗的家園值得好好認識。繁星或許離我們很遙遠，不會一時之間衝過來撞擊地球，但事實上繁星彼此間有千絲萬縷的連結，因此這顆壯麗的星球才孕育出生命。

無奇不有的宇宙，也是最好的科學教室。面對奇特的天文現象，若有適當的引導，我們可以帶孩子從「認識」一步步進展至「理解」，藉由探索的過程培養科學素養。

謝謝親子天下的邀約，一同完成這本圖文並茂的書。書中寫入最新的天文知識，譬如黑洞影像也有專門介紹。本書適合小朋友閱讀，也適合剛開始對宇宙好奇的大朋友閱讀，讓我們一起來遨遊星際！

歐柏昇
科普作家

目錄

藏在太陽系的祕密   Q1 · · · Q25 · · · · · · · ·

神祕的黑洞與星系

Q62 ···· Q72 ···········

探索浩瀚的宇宙

Q73 ···· Q85 ···········

出發吧！航向未來 Q86 ···· Q100 ············

怎麼使用這本書？

這本書會解答所有你想知道的天文疑問，還會告訴你有趣的星體觀測典故及小常識，並設計簡單又生活化的「天文小實驗」，讓你從實作中體驗天文學的奧祕。

科學的六大主題

由淺入深，涵括天文與地球科學中最有趣也最重要的六大主題。

 藏在太陽系的祕密

 地球與月球的奧祕

 如何觀察恆星與星座？

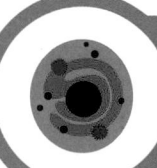 神祕的黑洞與星系

 探索浩瀚的宇宙

 出發吧！航向未來

實驗時的注意事項

 天文小實驗

① 有時候可能無法做一次就成功，別放棄，多試幾次就會成功。

② 需要利用陽光的實驗，記得操作時不可以直視太陽，避免眼睛受傷。

1 Q ＋ 數字 ＋ 問題
這一頁想跟孩子一起探討的天文現象。

2 A
簡單扼要的解答。

3 解答的說明
更清楚的說明解答，同時也告訴你更多相關的天文知識。

4 圖解、圖表與照片
以圖解化的資訊，輔助說明天文現象的成因與影響。

5 天文小實驗
與這一系列天文問題相關的實驗，透過容易取得的器材和簡單的實驗步驟，帶領你自行模擬類似天文現象與觀測。

出場人物

我們會帶大家去探
索各種有趣的宇宙
祕密喔！

星兔　　宇娃　　宙兒　　大耳怪

Q43　為什麼會有日食？

A　當月球剛好擋住太陽，太陽就變成
黑色圓盤，看起來像被吃掉一樣。

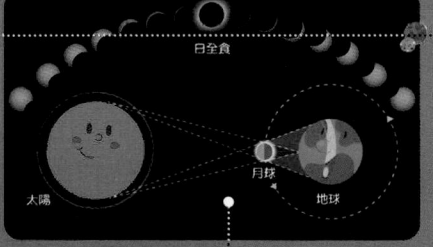

日全食

太陽　　　　月球　　　地球

當月球剛好運行到
地球跟太陽中間，
在太空中連成一直
線時，從地球上看
起來月亮剛好會把
太陽擋住，太陽變
成黑色圓盤，就像
被吃掉一樣，所以
叫日食。

Q44　為什麼不會每個月都有日食？

A　月球繞地球的軌道跟陽光有個傾斜夾角，
所以日、月、地連成一線的機會不多。

月球雖然每個月的農曆
初一都會運行到太陽跟
地球之間，但是月球繞
地球的平面，和地球繞
太陽的平面約有5°的夾
角，不是每個月都能剛
好完全擋住太陽。

新月

新月（日食）

滿月

滿月（月食）

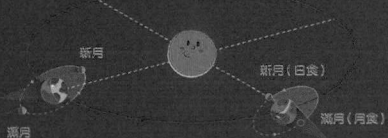
只有在太陽、月亮、地球在同一平面、剛好連成一直線時才會發生
日食（或月食，見Q45），而且只有在地球特定區域才看得到喔！

54

天文小實驗　針孔投影觀測日食

● 日食時太陽其實還是很亮，直
接看的話眼睛會受傷，一定要使
用特殊的濾鏡才能看太陽。

● 也可以試試另一個安全的觀測
方法，就是「針孔投影」。最簡單
的工具就是直接到樹下，觀察陽
光透過樹葉間隙投影到地上。

我用特殊眼鏡
看到日食了！

我也從地上
看到了！

日食時看到的光斑會像這樣彎彎的月牙狀，
你也可以用自己用厚紙板戳幾個小洞，在陽光下
拿來觀察在地上的投影變化喔！

 等待日食

 日食中

● 這是作者在2020/6/21觀看日環食的照片，把鋼板
上的小洞排成文字來記錄日食。左圖的光點形狀比較
胖，右圖的光點形狀比較細，像新月一樣，這時候日食
已經很明顯了。

55

天文100問

藏在太陽系的祕密

Q01 → Q25

太陽為地球帶來每日溫暖的能量與日照，
它的內部、表面，甚至發散出的粒子風，
都跟地球息息相關。而圍繞太陽的行星們，
雖然都在同一個「家」，卻又各有非常奇妙的特色，
到底它們和地球有什麼關聯與異同呢？

Q1 為什麼會有太陽？

A 太陽是從銀河中一片非常巨大的星雲坍縮、積聚物質而逐漸形成的。

1 距今大約 46 億年前，宇宙中有一片巨大的星雲，裡面遍布著以氫氣為主的氣體和塵埃。

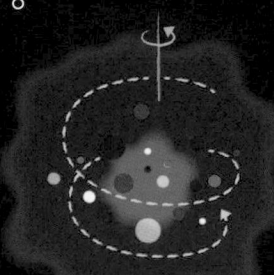

2 星雲中特別緻密的區域，在重力的作用下往內塌縮。

3 塌縮區域形成初生的太陽，不斷吸取周遭的氣體和塵埃，並形成一個很像盤面的構造。

4 周圍的塵埃和氣體逐漸聚集，形成繞著太陽轉的行星。行星與周遭的塵埃、氣體交互作用，形成一圈圈的圓環，如同石頭落水造成的漣漪。

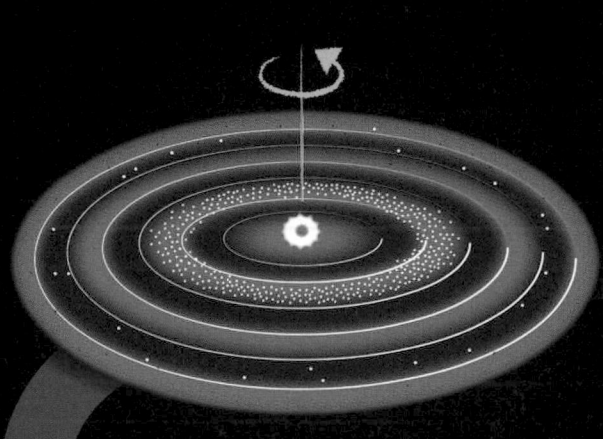

現今的**太陽系**總計有八大行星，距離太陽由近到遠，依序是水星、金星、地球、火星、木星、土星、天王星和海王星。

Q2 太陽為什麼會發光還會發熱呢？

A 太陽的主要成分是氫，能量主要來自將氫融合為氦時的核融合反應。

 太陽和其他恆星一樣，會利用**核融合反應**來產生能量。並釋放出**光**和**熱**。

 核融合反應是在**太陽核心**進行，當核融合反應時，大約有 **0.7%** 的質量會轉換成巨大的能量。所以只要大約燃燒1公克的氫，就能釋放出相當於17萬度電的能量。

核融合過程中，4個氫原子會融合成1個氦原子，並釋放出巨大的能量。

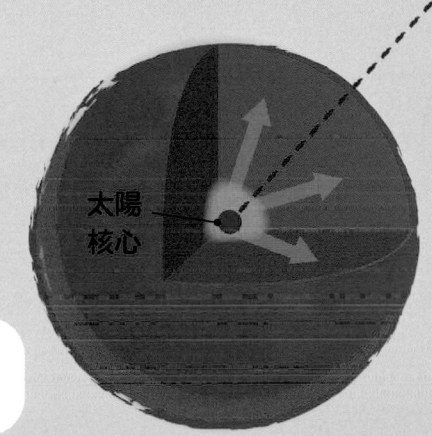

氦原子

氫原子

核融合

太陽核心

Q3 太陽究竟有多熱呢？

A 太陽每一層的溫度都不一樣，它的表面溫度大約是5500℃。

太陽根本到處都很熱呀！

 太陽最熱的地方在進行核融合反應的**太陽核心**，溫度高達 1500萬℃。溫度較低處則在名為「**光球層**」的太陽表面，約為 5500℃。

 日冕指的是環繞在太陽表面的電漿光環，但科學家至今仍不清楚為什麼位於太陽最外圈的日冕溫度居然也高達100萬℃。

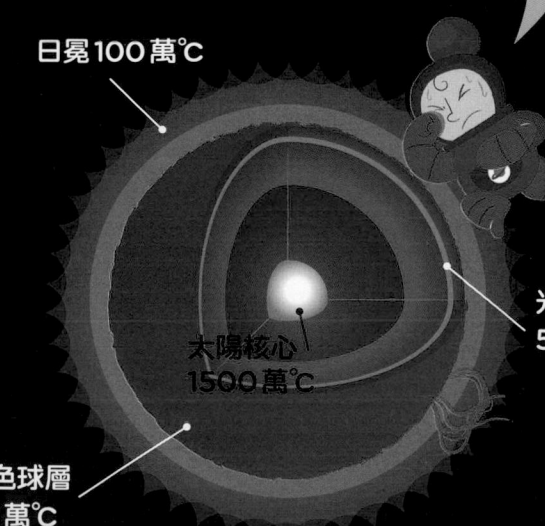

日冕100萬℃

太陽核心 1500萬℃

光球層 5500℃

色球層 1萬℃

Q4 太陽離我們有多遠？

A 太陽和地球的平均距離約為 1 億 5000 萬公里，通稱為一個天文單位（AU）。

 地球是以近似圓形的軌道繞著太陽公轉。每年一月時距離太陽最近（1億4710萬公里，稱為**近日點**）；七月時距太陽最遠（1億5210萬公里），稱為**遠日點**。

 地球和太陽的距離並不會影響季節變化。地球之所以有四季，是因為自轉軸呈 **23.5°** 的傾斜，使得太陽直射南北半球的時間不同。一月時地球雖然距離太陽較近，但因太陽直射南半球，所以北半球是冬季、南半球為夏季；七月時則剛好相反。

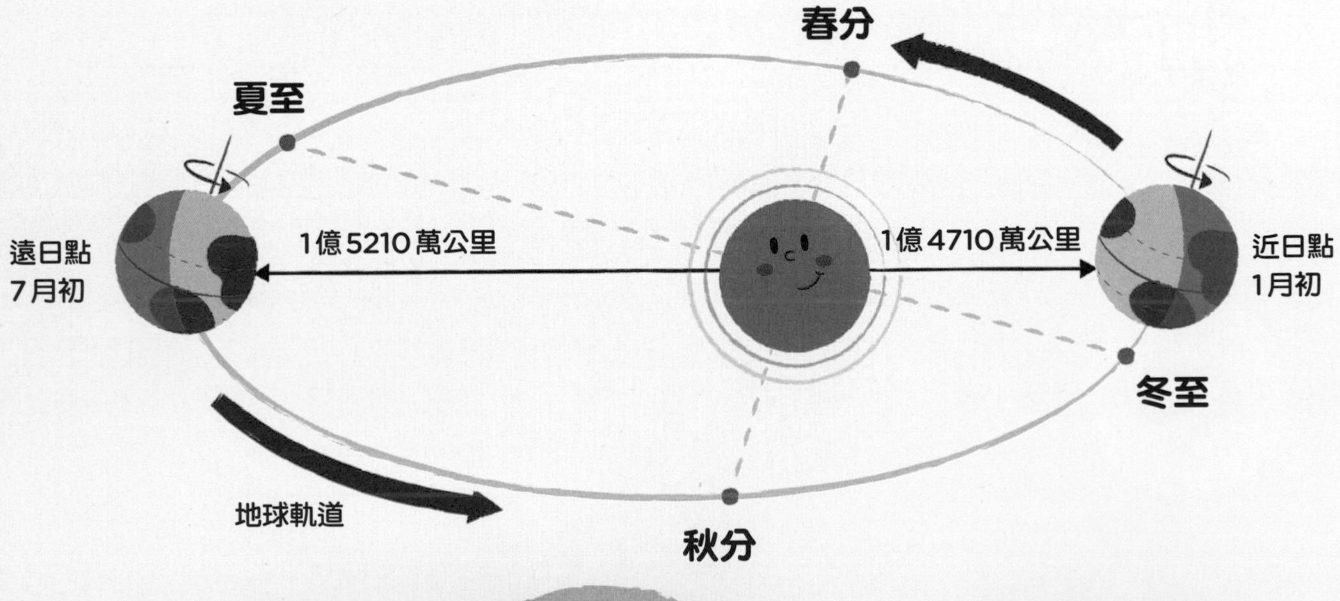

春分

夏至

遠日點
7月初

1億5210萬公里

1億4710萬公里

近日點
1月初

冬至

地球軌道

秋分

我的太陽光得花八分多鐘才能到達地球！

還好我沒有距離太陽太遠或太近，這樣的溫度剛剛好呢。

Q5　太陽可以活多久呢？

A 太陽大約可以活 100 億年，
目前 46 億歲了，是個中年的恆星。

 太陽是**恆星**，顧名思義是「永恆之星」，但其實恆星壽命仍然有限，一旦內部的燃料燒光，就會走向死亡。

 通常恆星越重，消耗燃料就越快，壽命也越短。

星名與質量	預期壽命
太陽	100 億年
比鄰星（太陽的 1/10）	10 兆年
織女星（太陽的 2 倍）	10 億年
房宿四 Aa（太陽的 15 倍）	1 千萬年
四瀆增一（太陽的 29 倍）	5 百萬年

織女星　太陽

因為你太重了，燃料燒得比較快嘛！

我明明比你年輕，為什麼比你早死呢？

太陽

織女星

天文小故事　古人怎麼估算出日地距離？

西元前 3 世紀，古希臘天文學家阿里斯塔克斯（Aristarchus of Samos）發現每當月亮呈半月時，地球、月球與太陽的相對位置會近似直角三角形，推估出日地距離約為月地距離的 19 倍。雖然真實的日地距離應為月地距離的 390 倍。但他的算法合乎邏輯，也成為日後驗證「日心說」的重要基礎。

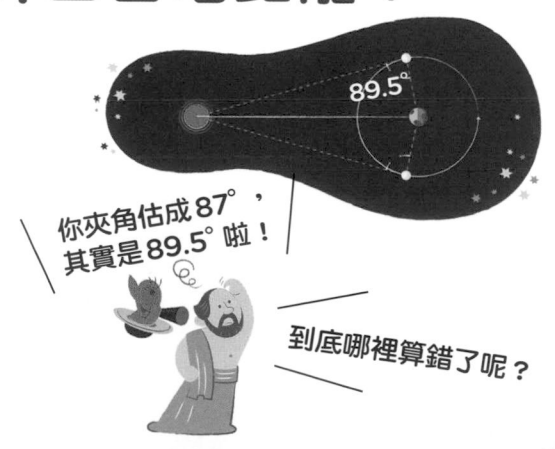

89.5°

你夾角估成 87°，其實是 89.5° 啦！

到底哪裡算錯了呢？

Q6 什麼是太陽黑子呢？

A 太陽黑子是太陽表面溫度比較低的區域，所以顏色看起來比較暗。

太陽黑子是**太陽磁場**的磁力線穿透太陽表面而造成的。此處的強烈磁場，阻擋了來自太陽內部、補充表面散失的熱能，所以黑子區的溫度較周圍環境低（約4000 ˚C）。

黑子常常成對甚至成群出現，呈現出來的複雜度也不同，科學家懷疑這可能跟太陽表面的活動規模有關。

好像太陽臉上的黑斑喔！

太陽黑子

磁力線

S N S N

S

N

S N S N

N S

太陽黑子所在區域，通常也是磁場活動極為活躍的地方。

A 太陽黑子變化週期大約是11年，黑子數量會先漸漸變多，然後再漸漸變少。

 科學家從西元1755年開始記錄太陽黑子的活動，並發現大約每隔**11年**黑子數量就會出現一次規律變化。1755～1766年是第一個有紀錄的太陽黑子週期，現在則要進入**第25個週期**。

 部分科學家也認為黑子數量跟地球的氣候變化可能有關，但目前科學界尚無定論。

2020年是太陽黑子的極小期，之後會逐漸增加，預估到2025年達最大期。

科學家記錄並推估的1755年～2031年的太陽黑子週期變化。

資料來源：NOAA（美國國家海洋暨大氣總署）

天文小故事

后羿射下的金烏其實是太陽黑子？

早在數千年前，中國跟古希臘就有觀測太陽黑子的紀錄。 中國傳說故事經常出現的「金烏」（又名三足烏），指的可能就是太陽黑子。傳說金烏是太陽精化成的神鳥，共有十隻，會輪值昇天帶給大地光和熱。但後來金烏作亂，十隻一起昇天，使得大地被烤焦並造成天下大旱，直到勇士后羿用神箭射下九隻，旱象才得以解除呢！

好，就留你一隻來照耀大地！

饒命呀！

Q8 聽說太陽也會吹風，那是真的嗎？

A 太陽風是太陽上層大氣拋出的帶電粒子流，跟地球上因空氣對流產生的風不同。

太陽表層的**日冕**，是溫度極高的電漿光環（100 萬℃），充滿著能量極高的帶電粒子，並以非常快的速度往太空擴散，稱為「**太陽風**」。除了太陽以外，其他恆星也會釋放這種帶電粒子流，稱為「**恆星風**」。

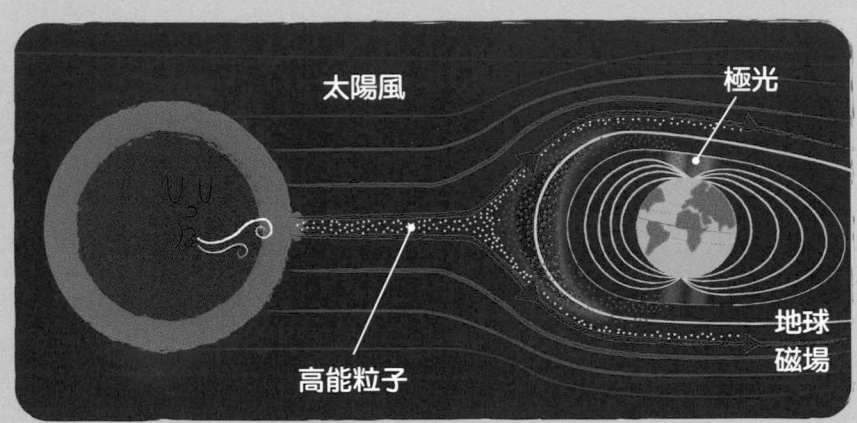

太陽風　　　極光

高能粒子

地球磁場

當太陽風吹到地球，通常會被**地球磁場**阻擋。但這些高能粒子仍會沿著地球的磁力線集中到南北兩極，並與極區的大氣撞擊，產生絢麗的**極光**現象。

天文小知識

極光的祕密

極光是大氣中的氧原子和氮原子被太陽風的帶電粒子激發而產生，並在大氣層的不同高度，激發出紅、黃、藍、綠、紫等顏色各異的極光，其中以綠色極光最常見。

人類很早就在接近地球兩極的高緯度地區觀測到極光。西元1619年，義大利天文學家伽利略首度將羅馬神話中的曙光女神奧羅拉（Aurora）連結極光，從此「看見極光」也成為幸福與幸運的象徵。

哇，我們看到極光了，聽說會一輩子都很幸運呢！

靠近北極圈的加拿大黃刀鎮，是觀測極光的熱門地點。

Q9 太陽風暴又是什麼呢？

A 太陽有時會拋出大量的帶電粒子到太空中，甚至出現突發的閃光，稱為太陽風暴。

 太陽風暴常與太陽的劇烈活動有關。科學家觀測發現──當太陽黑子數量較多的時期，太陽風暴發生的機會也比較高。

太陽風暴常伴隨突發閃光，稱為「**閃焰**」，並釋放大量的日冕物質與能量極高的帶電粒子到太空中，整個太陽系都可能受到影響。

我們都不知道該怎麼飛了！

這些高能帶電粒子可能會影響地球磁場、干擾電波傳輸，並造成人造衛星和電力系統受損。

糟糕，無法通訊了！

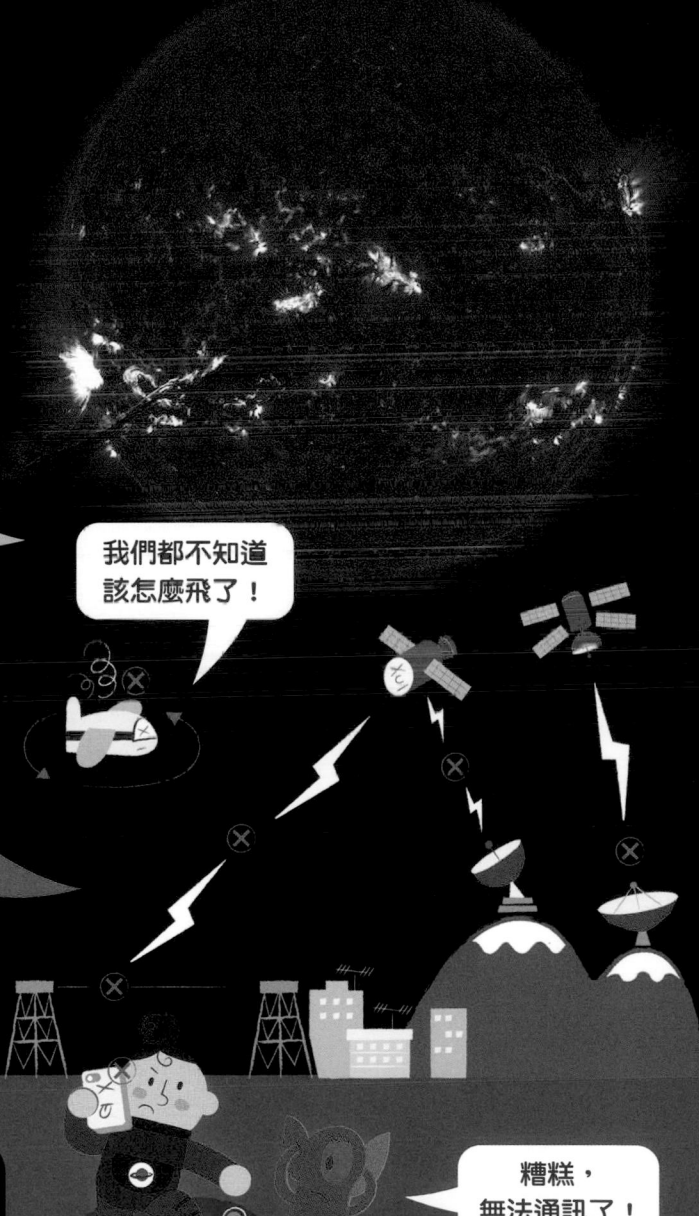

太陽風暴有時會為稍低緯度的地區帶來極光。例如2012年8月底的太陽風暴，即在9月初為加拿大育空地區（約北緯60°）帶來炫彩的極光。

Q10 太陽系是怎麼形成的呢？

A 太陽系是以太陽為重力中心的行星系統，是先有太陽之後才逐漸形成。

宇宙中有許多類似太陽系的行星系統。太陽系的成員則多半是在太陽出現後才緊接著形成，包括地球在內的八大行星，目前大約是**45.4億歲**，比起太陽的46億歲年輕一些些。

太陽系中有許多天體都會直接圍繞著太陽公轉，體積最大的是**行星**，其他如**矮行星**、**小行星**和**彗星**等天體都比行星小得多。繞著行星公轉的天體則是**衛星**，例如：**月球**就是地球的衛星。

Q11 太陽系的行星有什麼不一樣的特色呢？

A 八大行星的組成和體積都有明顯的差距。

八大行星中，最靠近太陽的水星、金星、地球和火星，主要由岩石構成，稱為**類地行星**。外圍的木星跟土星主要由**氣體**構成，稱為**氣態巨行星**，而更外側的天王星跟海王星溫度很低，是**冰巨行星**。

氣態行星的體積則比**類地行星**大得多，若比喻成水果，最大的木星就像顆大西瓜；最小的水星就像個櫻桃籽；地球則宛如一顆小番茄！

海王星
天王星
土星
木星

彗星

火星
地球
金星
水星

小行星

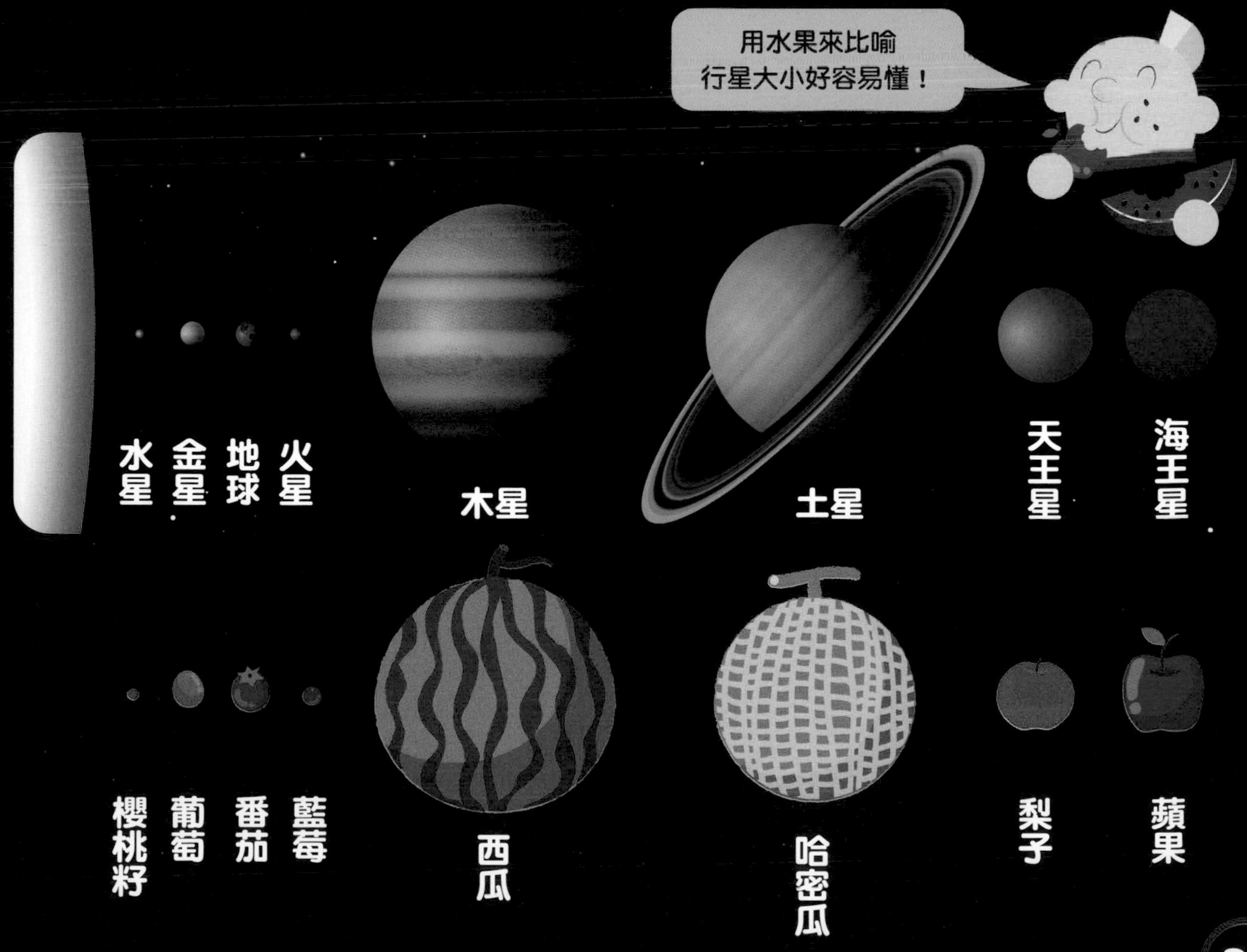

用水果來比喻
行星大小好容易懂！

水星
金星
地球
火星

木星

土星

天王星
海王星

櫻桃籽
葡萄
番茄
藍莓

西瓜

哈密瓜

梨子
蘋果

類地行星小檔案

水星
直徑4879公里

- 離太陽最近且最小的行星，表面充滿著隕石撞擊的坑洞，外觀很像月球。
- 沒有大氣層，也沒有衛星。白天溫度可高達430℃，夜晚可降至零下180℃。
- 水星雖小，但有著巨大的鐵核，非常沉重。

實在有夠重呀！

金星
直徑1萬2104公里

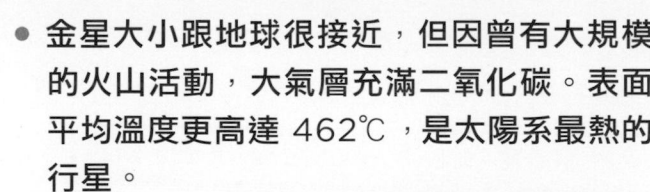

- 金星大小跟地球很接近，但因曾有大規模的火山活動，大氣層充滿二氧化碳。表面平均溫度更高達 462℃，是太陽系最熱的行星。
- 在地球上，金星是最容易被肉眼觀測的行星，亮度僅次於太陽和月球，通常會在傍晚或清晨出現在天空。

好美的金星！

金星

地球
直徑1萬2742公里

- 地球是目前人類所知、宇宙中唯一有生命存在的天體。
- 地球表面約有71%的面積是水，大部分是海洋、湖泊和河流，其餘才是陸地。
- 外部還籠罩著主要由氮氣和氧氣組成的大氣層，可以提供生命所需，保護地球免受太陽輻射侵擾，並降低極端溫差。

太陽輻射

大氣層

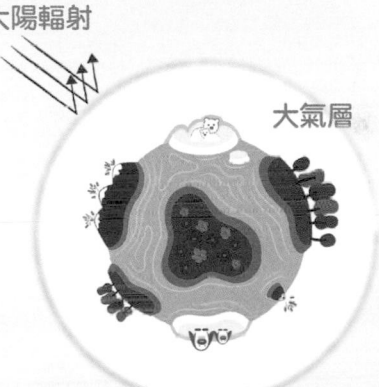

火星
直徑6794公里

- 火星大小約為地球的一半，但因距離太陽較遠，平均溫度約為零下63℃。
- 火星離地球很近，肉眼即可觀測，它的南北兩極有冰層，並已被科學家證實具液態水，是地球之外最有可能出現生命的行星。

請問真的有火星人嗎？

你猜猜囉！

氣態巨行星小檔案

木星
直徑13萬9820公里

- 木星主要由氫和氦所組成，是太陽系中體積最大的行星，大約可裝進 1300 顆地球！
- 木星擁有 79 顆衛星，最大的 4 顆是 1610 年義大利天文學家伽利略（Galileo Galilei）所發現，統稱為「伽利略衛星」。

好厲害，竟然可以裝這麼多顆地球！

土星
直徑11萬6460公里

- 土星主要由氫組成，是八大行星中體積僅次於木星的行星。不過它的密度很低，如果把它丟進水中，甚至還會浮起來！
- 土星有高達 82 顆的衛星，是太陽系中衛星最多的行星；外圍有一圈主要由冰和岩石微粒組成的環狀系統，稱為「土星環」。

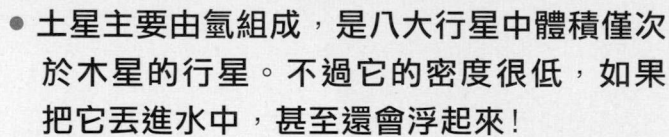

如果把我丟到水裡可以浮起來喔！

好厲害！

冰巨行星小檔案

天王星
直徑5萬724公里

- 天王星主要由氫、氦、氨和甲烷所組成，平均溫度非常低，大約零下200℃，而且有13個行星環。
- 天王星自轉軸傾斜達98°，就像是躺著繞太陽公轉，公轉週期為84年，因此南北極會有整整42年處於永晝或永夜狀態！

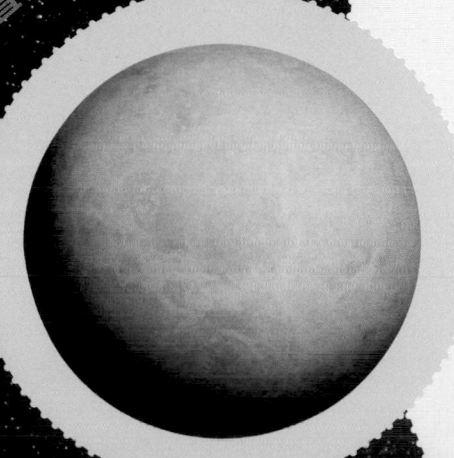

居然可以躺著公轉！

因為我的自轉軸跟別人不一樣嘛！

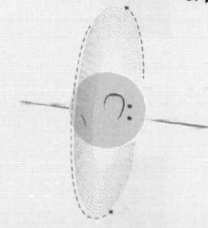

海王星
直徑4萬9244公里

- 海王星是離太陽最遠的行星，外觀、體積和組成都跟天王星很像。大氣中含有甲烷，外觀呈鮮藍色。
- 海王星有4個行星環，表面風速非常強，每小時可高達2000公里！

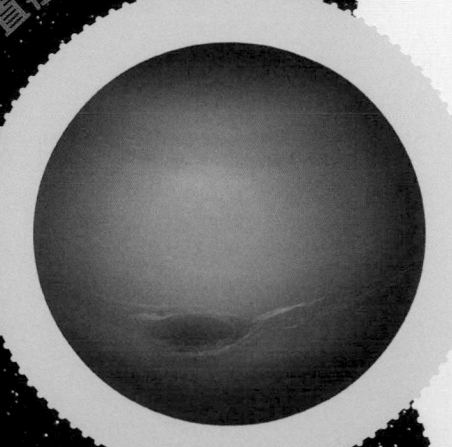

海王星

天王星

你們兩個好像雙胞胎喔！

Q12 科學家是怎麼找到太陽系的行星？

A 最早以肉眼觀察，之後使用望遠鏡觀測，最後還透過數學運算找到行星。

古人很早就觀察到金、木、水、火、土這五顆天體在天空中的位置並不固定，跟恆星不一樣，會「行走在星星」之間，所以稱之為「**行星**」。

後來直到1781年，來自英國的天文學家赫歇爾（Frederick William Herschel）才從望遠鏡觀測到**天王星**。至於**海王星**，則是科學家先用數學「算」出位置，並到1846年才確認存在。

○ 火星　　○ 土星　　木星 ○

耶我找到3顆行星了！

天文小故事

天文學家赫歇爾一開始觀測到天王星時，以為它是顆彗星，但隨後發現它的運轉軌道比較偏向圓形，距離又很遠，最後才推測這是顆新發現的行星。後來天文學家又發現天王星的軌道與預測值有偏差，可能是外側有第八顆行星造成影響。經過多年努力，法國的天文學家勒維耶（Urbain Le Verrier）計算出海王星可能的位置，並寄信請柏林天文臺幫忙搜尋，終於在1846年9月找到海王星。

用數學「算出」海王星的科學家

海王星被發現的位置，離我預測的地方相差不到1°呢！

法國天文學家勒維耶

Q13 聽說以前有九大行星，為什麼只剩八大行星呢？

A 因為原本被視為是第九顆行星的冥王星被降格為矮行星。

> 我找到第九顆行星了！

1 1930年，美國天文學家克萊德·湯博（Clyde Tombaugh）在他拍攝的照片中找到一個緩慢移動的天體，後來天文學界一致認為是第九顆行星——冥王星。

2 但其後天文學家在冥王星附近發現一些跟它大小差不多的天體，如果繼續讓冥王星當行星，將來太陽系可能就會有百大行星呢！

> 你跟我大小差不多，為什麼能當行星？！

閱神星

> 因為我比較早被發現呀！

冥王星

3 一般行星的公轉軌道接近正圓形，但冥王星的公轉軌道卻是傾斜的橢圓形，也讓科學家懷疑它不是行星。

冥王星的軌道

4 最後國際天文聯合會（IAU）在2006年經過表決，將冥王星降級為「矮行星」，九大行星也從此變成八大行星。

八大行星的軌道

冥王星

> 再見了！

> 各位同伴掰掰！

Q14 其他行星都像地球一樣有衛星嗎？

A 不是每顆行星都有衛星，但有些大型行星甚至有超過80顆的衛星！

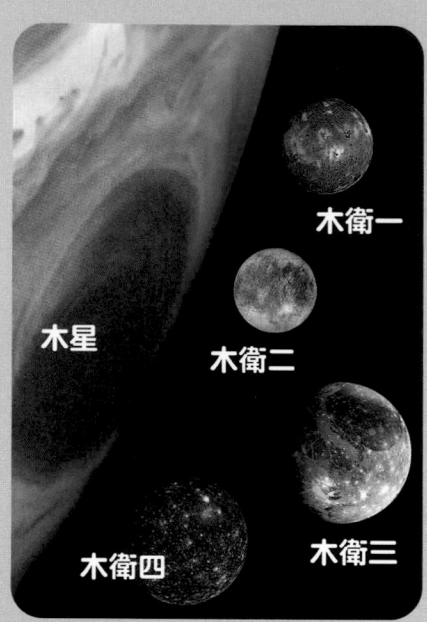

木星

木衛一

木衛二

木衛四

木衛三

 衛星是環繞著行星公轉的天體。八大行星中，除了**水星**和**金星**以外，其餘行星都有衛星。其中地球有1顆，火星有2顆、木星有79顆、土星有82顆、天王星有27顆、海王星則有14顆衛星。

木星的4顆大衛星都是我在1610年發現的，所以又叫「伽利略衛星」喔！

義大利天文學家伽利略

天文小知識

矮行星

根據國際天文聯合會在2006年定義，行星須符合：「軌道環繞著太陽」、「質量夠大、接近圓球型」，以及「能夠清除在軌道附近的小天體」等三項條件。而矮行星只有符合前兩項，所以不能稱為行星。目前天文界正式認證的矮行星，則計有穀神星、鳥神星、妊神星、鬩神星、冥王星等五顆。

穀神星　鳥神星　妊神星　鬩神星　冥王星

直徑為 940 ～ 2380km

Q15 其他行星都跟地球一樣有季節變化嗎？

A 所有行星都有季節變化，但其他行星的四季變化與地球很不一樣。

 行星的季節變化與行星**自轉軸傾斜角**、**公轉軌道的形狀**、**距離太陽的遠近**，以及是否有**大氣層**等因素都有相關。

 當行星自轉軸傾斜角較小，季節變化較不明顯。例如**地球**公轉軌道接近圓形，**自轉軸傾角約23.5°**，季節變化相對和緩。每一季的長度也很平均、約**90天**左右。

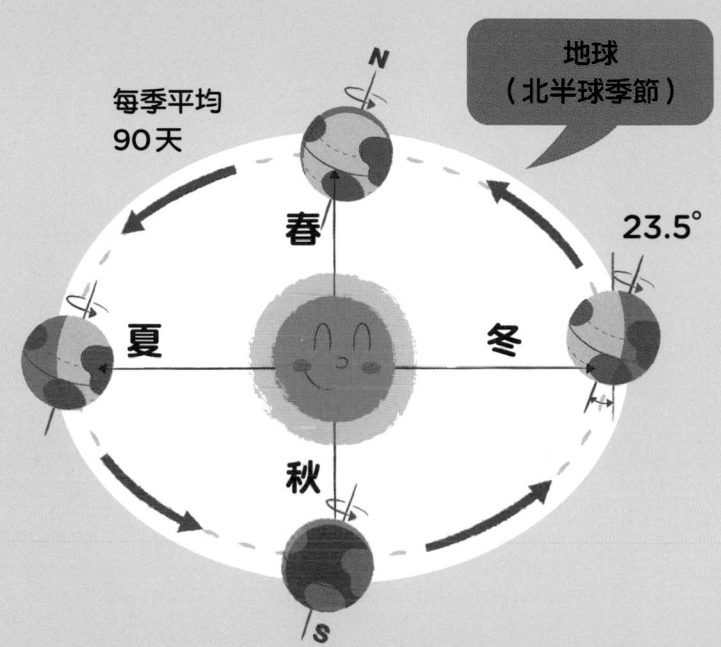

每季平均90天

地球（北半球季節）

23.5°

春 夏 冬 秋

火星（北半球季節）

約194天　約154天

春 夏 冬 秋

約178天　約142天

火星的**自轉軸傾角約25°**，但因距離太陽較遠，公轉一周約687日、約為2個地球年。它的公轉軌道較偏橢圓形，季節變化的時間並不平均，每一季約在**142～194天**間。

天王星（北半球季節）

每季平均21年

自轉軸傾角較大的行星，季節變化也較劇烈，例如距離太陽很遠、公轉一周需時84個地球年的**天王星**，自轉軸傾角大約**98°**，每一季長達21年。

春 夏 冬 秋

Q16 為什麼金星會成為最熱的行星呢？

A 因為金星有厚厚的大氣層，無法散熱，所以才會成為最熱的行星。

 行星大氣層會吸收太陽光帶來的輻射能量，這過程稱為「**溫室效應**」。而二氧化碳、甲烷等，則是特別會促成溫室效應的氣體，稱為「**溫室氣體**」。

金星大氣層主要由二氧化碳所組成，厚度更達地球的90倍，溫室效應非常明顯。所以表面的平均溫度可高達462°C，甚至比離太陽最近的水星還熱！

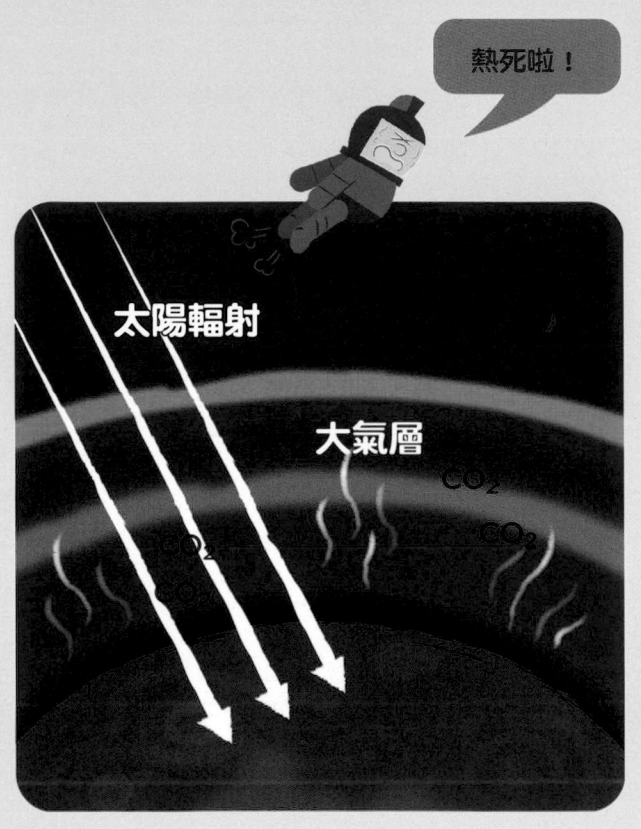

熱死啦！

太陽輻射

大氣層

CO_2

天文小知識

金星的一天比一年還長

金星常被稱為「地球的雙胞胎行星」，它的質量、半徑和岩石組成都跟地球很接近。不過，金星的溫度很高，表面則有活躍的火山活動，自轉方向則是東向西轉，更與其他行星西向東轉大不相同。有趣的是，金星的自轉速度非常慢，自己轉360°一圈（恆星日）約為243個地球日；繞著太陽公轉一圈則約225個地球日，換句話說，這是個「一天比一年還長」的行星呢！

你怎麼轉那麼久還沒過完一天呀？

可是我過完一年了呀！

Q17 聽說行星有時候會「倒著走」，這是真的嗎？

A 行星逆行只是視覺上的投影現象，其實所有行星都不曾改變公轉方向。

行星公轉就像是站在不同跑道上繞著太陽跑步的選手，內圈跑得快、外圈選手跑得慢。而公轉過程中，各行星會不斷追上地球或被地球超越。我們會覺得被地球超越的行星好像在天空中倒退走了，這種視覺現象就叫做「**行星逆行**」。

別再被「水星逆行」會很衰的迷信給騙了！

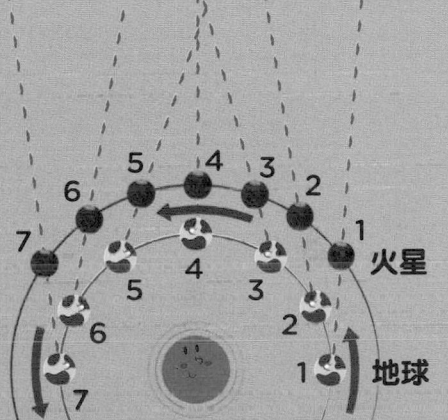

順行　逆行　天空景象　火星　地球

當火星和地球運行到3～5的位置時，就會看到火星彷彿倒退走的現象，大約每2年發生一次。

Q18 火星是不是因為很熱才叫火星呢？

A 火星比地球冷得多，是因為地表遍布著紅土，才會被稱為「火星」。

火星的直徑約為地球的一半，地表上富含著以**氧化鐵**為主成分的紅土，所以看起來紅紅的，又被稱為「**紅色星球**」。

哈囉火星！

地球哥哥好！

冰冠

羅賽塔號太空船2007年飛越火星時所拍攝的照片，可發現火星的顏色偏紅，兩極有白色的冰冠。

Q19 電影裡常會出現「火星人」，火星上真的有生命嗎？

A 科學家雖然已經偵測到火星上有水，但至今仍然無法證明火星上有生命。

由於火星自然環境與地球較相似，距離也較近，因此一向被視為地球之外較有機會孕育生命的星球。截至2021年為止，已有**7輛火星探測車**成功登陸火星觀測。

怎麼沒看到火星人？

2021年毅力號探測車登陸火星所拍下的地形樣貌。

季節性斜坡條紋

目前科學家已經偵測到火星的南北極有水冰，並發現火星隕石坑的邊緣斜坡，在不同時期深色條紋的型態會改變，這被視為是有**液態鹽水**流動的證據。

雖然科學家至今仍然沒有在火星發現生命，但因火星氣候嚴寒，且沒有板塊運動，可以保留**古代地質**的資料，因此目前研究重點是尋找**古代生命**存在的證據。

獨創號飛行器

大哥辛苦了，我們兩個已在2021年加入觀測火星的行列！

毅力號火星探測車

我曾經在火星湖床的古老岩石中發現有機物質，這可能是科學家尋找古代生命的重要線索呢。

好奇號火星探測車2012年登陸火星

Q20 火星上是否有機會能種植物呢？

A 科學家一直有在進行相關實驗，例如「模擬在火星上種馬鈴薯」的研究計畫。

1 在所有糧食作物中，馬鈴薯最能適應嚴苛的生存環境。

2 南美洲的阿塔卡瑪沙漠很乾燥，到處都是含有金屬礦物的紅色砂石，跟火星很像，科學家決定在這裡實驗。

3 科學家利用這片沙漠的土壤，布置了一個很像火星環境的實驗室，並把挑選過的馬鈴薯試種在這裡，後來果然成功發芽。

我耐旱、耐冷又長得快，種在貧瘠的土地也有機會生長。

你好強！

馬鈴薯　小麥　玉米

火星地表樣貌

這裡就是火星嗎？

不是，這裡是地球上跟火星最像的阿塔卡瑪沙漠。

耶，我發芽了，是不是可以去火星了？

這只是第一步，要在火星上生長可能還需要有特製的溫室和更多實驗。

Q21 為什麼土星會有一圈美麗的環呢？

A 科學家還沒有肯定的答案，但土星環有可能是由粉碎的衛星殘骸組成。

40億年前曾有小衛星太靠近土星，並在土星重力的拉扯下粉碎成為**冰晶碎微粒**，這些冰晶碎粒受到土星重力吸引而繞著土星運轉，成為人們看到的**土星環**。

沒想到土星環有這麼多圈哩！

卡西尼號太空船（Cassini）拍攝的土星照片，土星環其實是由數千條細環構成，這些細環都是由冰晶微粒組成，細環之間還有寬窄不一的縫隙。

Q22 其他行星也有環嗎？

A 太陽系所有的巨行星都有環。

從前人們以為只有土星才有環，直到1980年後，科學家發現**木星**、**天王星**、**海王星**其實都有環，甚至有些太陽系小天體也有環，只是太暗而不易發現。

海王星

土星

天王星

木星

嗚，我們類地行星都沒有環喔！

Q23 為什麼會有彗星？

A 彗星是太陽系誕生時遺留下來的小天體，主要由冰、小岩石和塵埃構成。

彗星主體是由冰和其他物質構成的「**彗核**」。當接近太陽時，彗核會因受熱而開始揮發，形成鬆散的大氣層，稱為「**彗髮**」。

彗星受到太陽的影響，會再形成兩條長長的「**彗尾**」：背向太陽的「**離子尾**」，是由「**太陽風**」從彗星吹出帶電粒子而形成；另一條「**塵埃尾**」，則是彗星塵埃被太陽輻射推出去，遺留在彗星軌道上而形成。

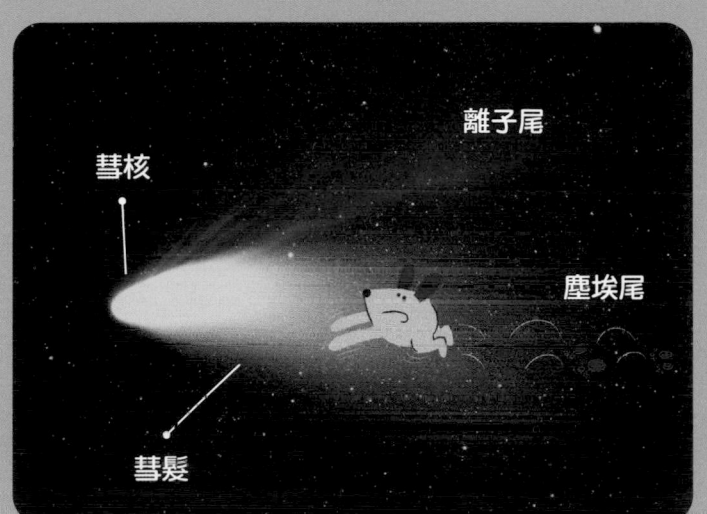

離子尾

彗核

塵埃尾

彗髮

天文小知識

彗星就是會帶來厄運的掃帚星？

由於彗星的形貌和運行規律，與一般人熟悉的行星、恆星大不相同，所以自古以來常被視為會帶來災厄的「掃帚星」。但在17世紀望遠鏡改良後，天文學家已陸續破解彗星軌道和運行週期的謎題。他們發現，有些彗星經過太陽一次後就不會再繞回來；但有些彗星則是會經過很久很久的時間才會再經過太陽。而第一個被天文學家確認公轉週期的彗星，就是每隔75～76年來拜訪太陽一次的哈雷彗星。

哈雷彗星

我就是預測哈雷彗星會回歸的哈雷喔！

天文學家：愛德蒙·哈雷（Edmond Halley）

Q24 為什麼會有流星呢？

A 來自太空的小石頭掉入地球大氣層，摩擦生熱並發光而形成流星。

 太空中有很多飛來飛去的小石頭，稱為「**流星體**」。流星體比小行星更小顆，當它受到地球重力吸引而「撞上」地球時，大多不會造成嚴重的災難，反而會與地球大氣層碰撞摩擦、燃燒成為美麗的**流星**。

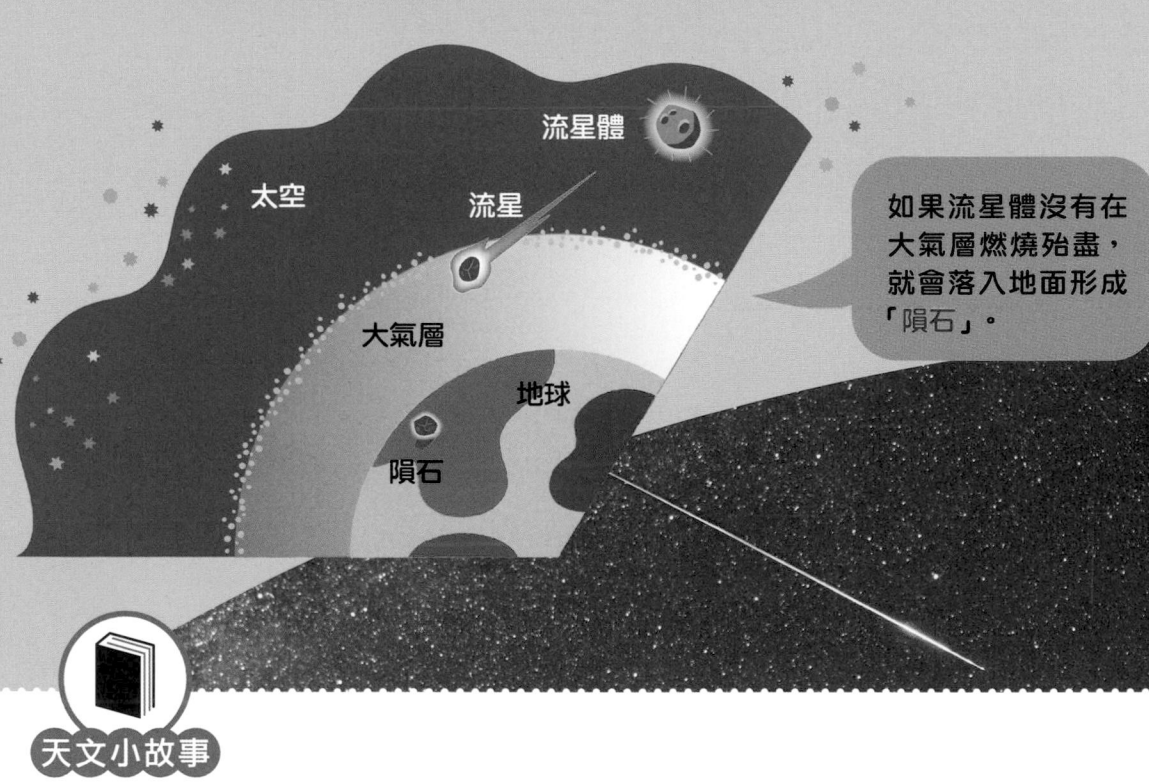

流星體

太空

流星

大氣層

地球

隕石

如果流星體沒有在大氣層燃燒殆盡，就會落入地面形成「隕石」。

天文小故事

流星常被人視為是「願望之星」，相傳只要在流星落下來之前趕快許願，願望就能成真。這個傳說的起源可能來自北歐神話，北歐主神奧丁有枝名為「岡格尼爾」（Gungnir）的永恆之槍，每當奧丁將此槍擲出時，會發出劃越空際的亮光，此即人們所見的「流星」。據說對著此槍發誓的人，誓言必將實現，後來就演變成對著流星許願即會成真的傳說。

向流星許願

我丟槍了，還不快許願！

請保祐我考滿分！

Q25 流星雨又是什麼呢？

A 當夜空中從某一特定位置、短時間散射出大量的流星，稱為「流星雨」。

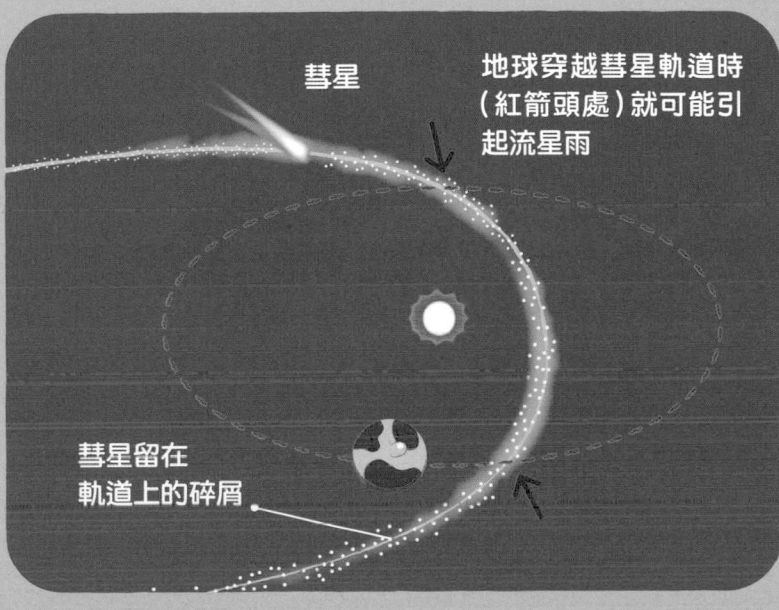

彗星

地球穿越彗星軌道時（紅箭頭處）就可能引起流星雨

彗星留在軌道上的碎屑

彗星拖出的尾巴，會在太空中留下許多碎屑。一旦地球通過彗星的軌道，這些碎屑就會進入大氣層，在短時間內形成大量的流星，稱為「**流星雨**」。

當流星雨發生時，每小時約可出現數十至上百顆流星。但若每小時出現數百甚至數千顆的流星，則稱為「**流星暴**」。

每年固定有象限儀座流星雨（1月初）、英仙座流星雨（8月中）、雙子座流星雨（12月中）等三大流星雨。而最有名的流星暴，則是大約每33年會出現一次的獅子座流星暴（11月中）。在2001年時，每小時最多曾觀測到3000顆流星呢！

好多流星，真羨幕他們可以許超多願望！

在1833年（左）及1999年（右）出現的獅子座流星暴。

天文100問
地球與月球的奧祕
Q26 → Q48

地球是目前唯一發現有生命的行星，
在這裡生活的我們，更需要瞭解並珍惜它。
一起來探索地球的轉動、獨具生命的原因，
並進一步認識最親近的夥伴──月球。
究竟這顆衛星是怎麼來的，又如何大大影響地球？

Q26 地球明明在轉動，為什麼我們沒感覺？

A 地球轉動速度很穩定，不會突然加速或煞車，所以我們感覺不到轉動。

地球自轉也是穩定的，不會忽快忽慢，所以在地球表面的我們不會感覺到轉動。

 想像你在搭乘高速的列車，平常列車以穩定速度前進時，你不會有特別的感覺。

 只有當列車突然加速或煞車時，你才會感覺自己往後或往前倒。

從赤道測量的話，地球自轉的速度大約每小時1670公里，比高鐵快超過五倍！

Q27 地球為什麼會自轉？

A 地球在太陽系形成時，獲得了轉動力量，就這樣繼續轉動下去。

 不只地球，太陽系的各個行星在最一開始，就是由塵埃和氣體一直轉動、聚集而成。行星在接近真空的宇宙中，如果沒有被巨大的力量撞擊或阻擋，這個最初的轉動力量就會維持下去。

 八大行星中，只有**金星**和**天王星**的自轉方向和其他行星不同。很可能就是受過撞擊，改變了轉向。

就像你在玩陀螺，如果沒有外力讓它失去平衡、它就可以轉很久。

天王星

金星

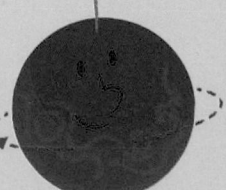

我是反著轉（順時鐘）　　我是躺著轉

Q28 地球自轉會停下來嗎？

**A** 地球自轉會受潮汐影響而減速，但很難完全停下來。

 月球的重力牽引地球上的海水，靠近月球這端的海水因重力較強，會朝月球方向漲高；離月球遠的那端，月球重力的牽引弱，於是海水往反方向堆高，這就是**潮汐現象**。

 理想上，滿潮應該會正對月球吸引的方向，但是地球自轉比月球公轉還要快，所以海水漲高的地方，會領先月球行進方向一點。

理想上的海水位置

乾潮
滿潮
滿潮
乾潮

實際上的海水位置

月球吸引地球潮汐

月球公轉方向

地球潮汐同時吸引月球

月球自轉方向

地球自轉方向

 漲高的海水又和月球互相吸引，海水就像是被月球「拖住」，使地球自轉變慢，這就是「潮汐鎖定」。

 不過地球自轉減速，要大約330萬年才會讓一天延長1分鐘。真的要讓地球停下來前，恐怕宇宙中還會發生其他事件，大大影響地球的命運呢！

 倒是月球因此得到助力，被地球「拖著走」，公轉變得越來越快，把月球推遠離地球。

那我要當未來的人，地球自轉變慢，以後一天時間就變多了。

Q29 為什麼地球上可以出現生命呢？

 **A** 地球剛好有幾項適合生命存在的條件，其中關鍵是地球上有液態水。

 地球磁場可以阻擋太陽風，成為地球的保護罩。

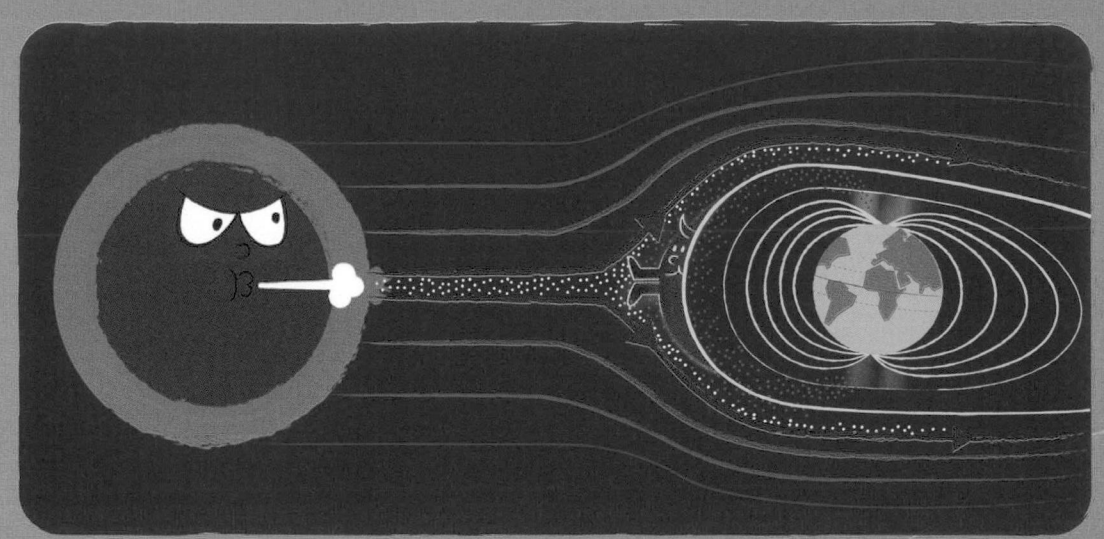

 地球有個**夠大的衛星**。月球的重力可以讓地球自轉角度穩定，這樣地球的氣候才不會因為轉軸擺動而劇烈變化。

真是太感謝你了！

 最重要的是，**地球與太陽的距離**非常剛好，可以讓水以液態形式存在，不會全部結冰或蒸發，我們才有賴以為生的**液態水**可以飲用。

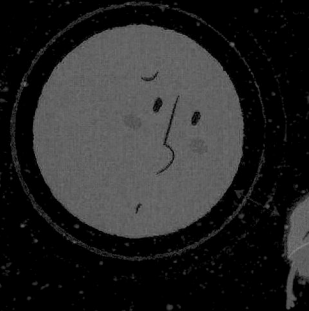

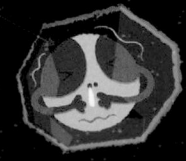

1 地球離太陽太近，水分都蒸發了。

2 太陽與地球距離剛好（約1億5千萬公里），液態水才能存在。

3 地球離太陽太遠，水分結冰。

Q30 地球會死掉嗎？

A 在很久很久的以後，太陽膨脹得太大，地球也會被吞噬進去。

 太陽在消耗燃料的後期，會不停的膨脹、變成「**紅巨星**」，為目前太陽的 100 ～ 200 倍大。

 在太陽膨脹的過程中，地球環境會急遽變動：海洋會蒸發，環境不再適合生物生存。最後，地球也會被太陽吞噬。

假設目前太陽的大小是這個小小紅點。未來變成 200 倍大的紅巨星，相對大小就會像圖中的大圓！

不過太陽的壽命還有約 50 億年，現在擔心實在太早了！

Q31 地球的天空和海洋為什麼看起來是藍色的？

A 這是因為太陽光中的藍色光比較容易在大氣層和海水裡散開。

 太陽光是由多種顏色的光組成，通過三稜鏡時，不同顏色的光偏折角度不同，於是白光就散開成美麗的彩虹。

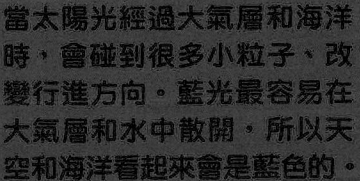

當太陽光經過大氣層和海洋時，會碰到很多小粒子、改變行進方向。藍光最容易在大氣層和水中散開，所以天空和海洋看起來會是藍色的。

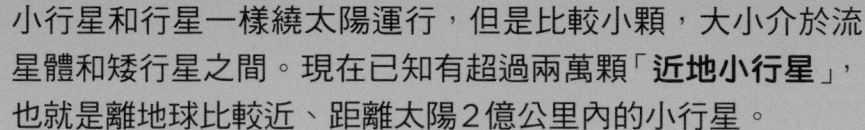

小行星和行星一樣繞太陽運行，但是比較小顆，大小介於流星體和矮行星之間。現在已知有超過兩萬顆「**近地小行星**」，也就是離地球比較近、距離太陽2億公里內的小行星。

其中有1000顆以上的近地小行星直徑超過1公里，萬一這種大型小行星偏離軌道、撞擊地球，將造成全球性的災難。

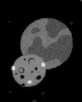

POINT！

6千6百萬年前恐龍滅絕，可能跟直徑15公里的小行星撞擊地球有關。

不過，尺寸較小的小行星如果撞擊地球，威力也可能會毀滅一座城市。

POINT！

這張照片是1908年，一顆約長60到190公尺的小行星在俄羅斯的通古斯河附近上空爆炸，推測爆炸威力相當於1000顆廣島原子彈，好險沒人傷亡。

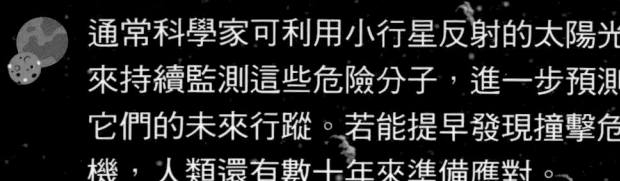

通常科學家可利用小行星反射的太陽光來持續監測這些危險分子，進一步預測它們的未來行蹤。若能提早發現撞擊危機，人類還有數十年來準備應對。

NEOWISE 衛星

POINT！

但有些小行星的成分不反光。而且小型的小行星也不容易觀察，科學家提出「**NEOWISE 近地天體計畫**」，讓人造衛星用紅外線拍照，偵測那些無法反射可見光的小行星。

同時利用「**小行星地面撞擊最後警報系統（ATLAS）**」定時大範圍掃描天空，盡可能即時偵測有撞擊地球風險的小行星。

DART

目前也啟動了「**雙小行星轉向測試（DART）**」，預計利用人造衛星撞擊小行星，觀察被撞小行星的轉向效果。

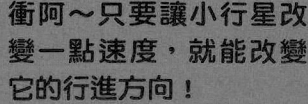

衝阿～只要讓小行星改變一點速度，就能改變它的行進方向！

Q33 月球是怎麼誕生的？

A 科學家們提出了幾種理論，目前普遍接受的說法是「大碰撞說」。

哎呀！

分裂說

地球剛誕生的時候，分裂了一大塊物質出去，變成月球，而地球上凹下去的那塊地方就成為太平洋。

但是太平洋的海洋地殼才 2 億歲，月球卻已將近 44.25 億歲，兩邊的年紀也差太多了。

但是地球和月球有些組成非常像，如果月球是外來的陌生人，不太可能這麼像。

捕獲說

月球在其他地方形成，經過地球時，被地球的重力吸引住。

跑不掉了吧。

孿生說

太陽系誕生的時候，地球與月球就是一起形成的孿生兄弟。

我們是一起出生的！

可是，地球的鐵核心佔一半大小，月球的鐵核心約只佔20%而已，如果同時出生，比例不會差這麼多。

大碰撞說

地球誕生初期，有顆稱為「特亞」的星球撞擊地球、撞出大量碎片。這些碎片中，有些來自特亞，有些來自地球。大量碎片繞著地球轉，最後就變成了月球。

聽起來好像最有道理！

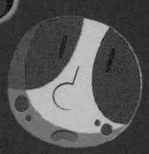
特亞

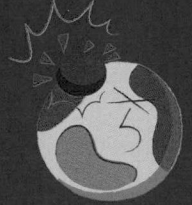

月球

特亞衝向地球　　撞擊產生碎片　　碎片環繞地球轉　　形成月球

 大碰撞說是目前較普遍接受的說法，阿波羅號太空人從月球採回來的岩石樣本顯示，月球應該曾呈現熔融狀態，碰撞後產生高能量就可能會造成這種情形。

 傳統的大碰撞假說認為，月球大部分組成源於外來星球「特亞」，只有少部分來自地球。但是樣本顯示，月球的特殊氧同位素和地球的一樣，竟然和地球擁有相同的「基因」！代表這個理論還有不夠完美之處，科學家還在持續修正。

天文小故事

布農族的月亮傳說

在布農族的傳說中，最初世界有兩顆太陽，將大地晒得好熱好熱，甚至晒死了一個孩子。生氣的父親帶著另一個孩子去征討太陽，拿起箭射傷了其中一顆太陽的眼睛。

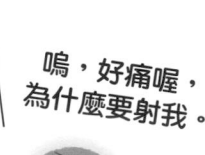

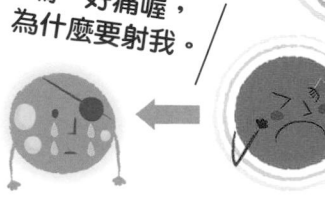
嗚，好痛喔，為什麼要射我。

那個受傷的太陽就變成了月亮，世界從此有了日與夜的分別。後來布農族都會在月圓時祭拜月亮，一方面是遵守要感謝月亮的規定，另一方面也是希望月亮不要再變成熾熱的太陽。

Q34　月亮為什麼不會掉下來？

A 月亮繞著地球公轉，因為離心力的作用，所以不會朝地球掉落。

 月球和我們一樣都受到地球重力吸引，但是月球卻不會落到地面。這是因為月球繞著地球公轉，旋轉時會有「**離心力**」的作用，相當於一股把月球往外推的力，所以不會朝地球掉落。

地球繞太陽公轉，也是相同的狀況喔！

重力　　離心力

 天文小實驗

利用離心力拿起彈珠

- 準備器材：一顆彈珠、一個窄口高腳杯
- 實驗步驟：

1 將高腳杯倒立並蓋住彈珠。旋轉高腳杯，讓彈珠轉起來。加速旋轉，彈珠就會沿著杯壁上升。

2 保持彈珠在杯子裡，一邊旋轉，一邊穩定的把杯子慢慢倒過來。

3 讓杯子完全倒轉過來，就完成了。

 旋轉讓彈珠產生離心力，施加力量在杯壁上。由於杯壁是斜的，所以杯壁還給彈珠的力量會傾斜向上，可以把彈珠抬起來。

Q35　月亮為什麼會亮？

A　月亮反射太陽光，所以看起來明亮。

恆星會發光，而行星和衛星都不會自己發光。月亮是地球的衛星，自己不會發光，但是可以反射太陽光，所以我們在地球上可以看見明亮的月光。

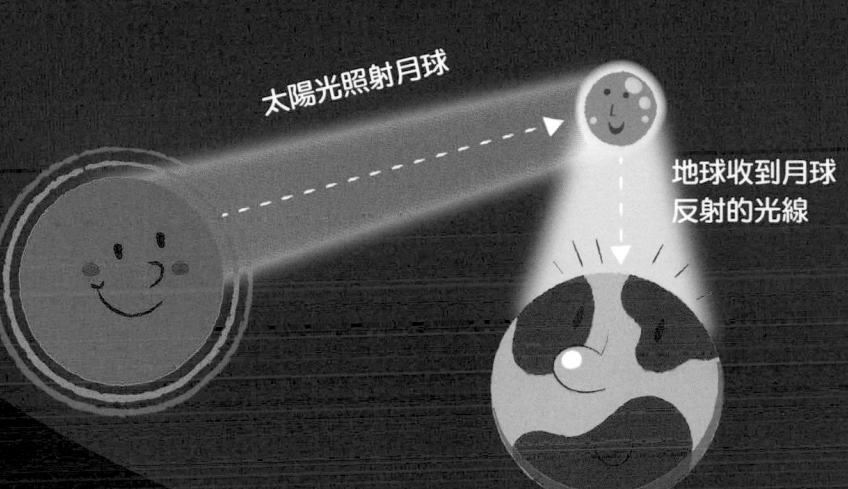

太陽光照射月球

地球收到月球反射的光線

Q36　月球上有風嗎？

A　月球上的大氣非常稀薄，因此沒有風喔。

 月球上的大氣接近真空，所以月球表面不僅沒有風，還是個很安靜的地方呢！

 在月球上，太空人腳印不會被風吹散。旗子也因為無法隨風飛揚，背面設有橫支架撐著才能展開。

Q37 月亮的形狀為什麼會改變？

A 因為地球每天看到月球反射光線的角度和範圍不同。

月球反射太陽光而發亮，但是太陽只照得到月球的一半。隨著月球繞地球公轉，地球每天所看到月球的角度不同。

所以有時我們會看到較多月球亮面，有時較多暗面，這就是**月相的盈虧**。盈虧的週期就是一個月，接近月球繞地球公轉的週期。

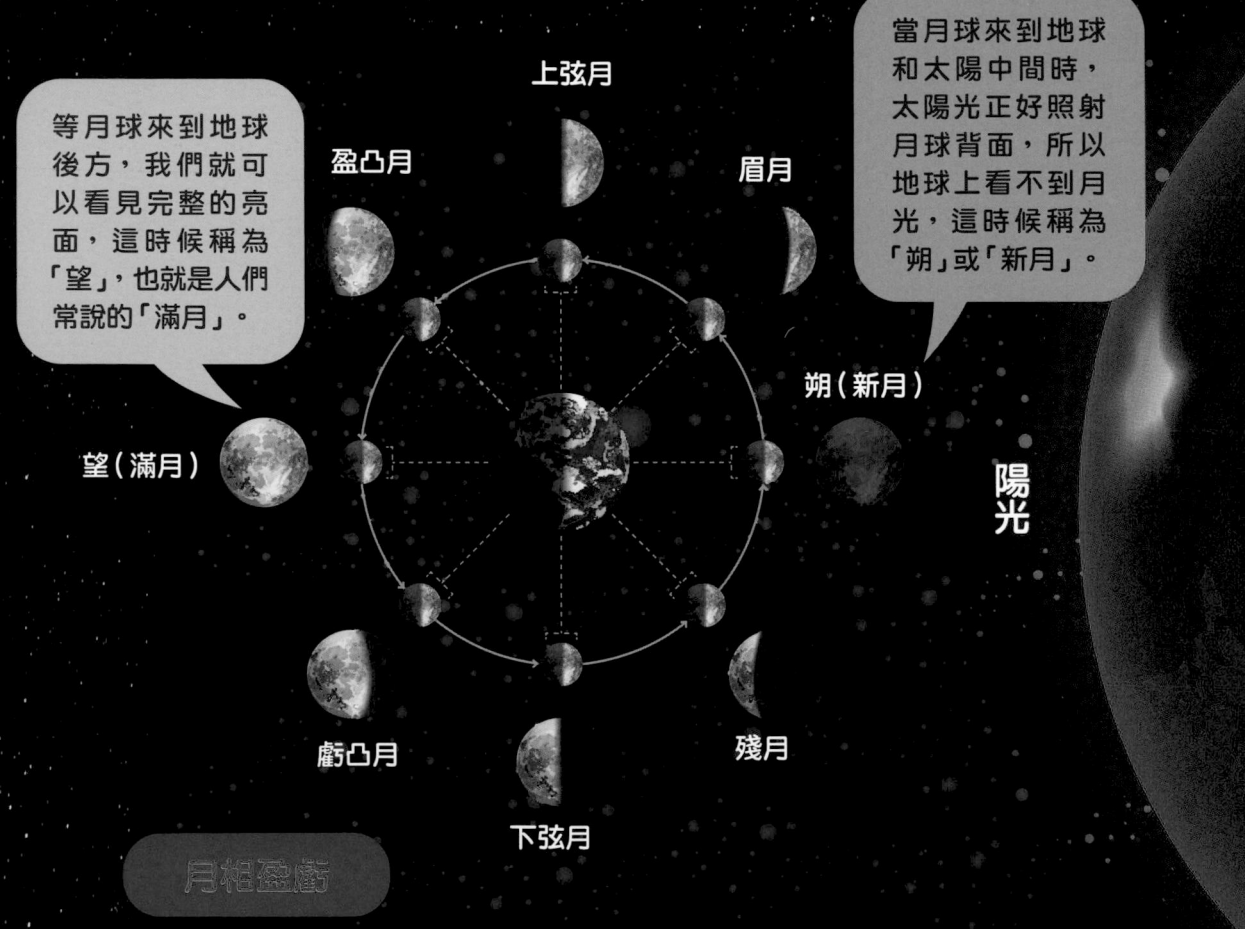

等月球來到地球後方，我們就可以看見完整的亮面，這時候稱為「望」，也就是人們常說的「滿月」。

當月球來到地球和太陽中間時，太陽光正好照射月球背面，所以地球上看不到月光，這時候稱為「朔」或「新月」。

上弦月

盈凸月

眉月

朔（新月）

望（滿月）

陽光

虧凸月

殘月

下弦月

月相盈虧

農曆的每月週期，就是按照月相的盈虧來訂定的喔。通常朔會是農曆初一，滿月則是農曆十五或十六。

Q38 月球的一天有多長？

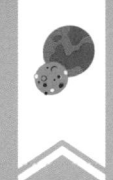

A 大約 27.3 個地球日。

 如果一天的定義是以自轉一圈來看，那月球的一天約等於27.3 個地球日，就相當於我們的一個月！

月球的公轉跟自轉週期一樣，當它繞地球一圈時，自己也轉了一圈，所以永遠以同一面面對地球。

如果要去月球住，時差會很難調耶。

我都看不到月球的背面！

Q39 月球背面有什麼？

A 人們在地球上看不到月球的背面，但曾發射太空船去拍照，發現有很多隕石坑。

跟荒涼的月球比起來，地球真的好美喔！

月球正面　　月球背面

月球背面的坑洞比我們常見的月球正面還多，地殼厚度也比正面厚。

阿波羅8號太空人從月球背面上空拍的地球。

Q40 為什麼月亮每天升起的時間都不一樣？

A 月亮每天會繞地球前進，地球必須轉得比前一天多，才能看見月球。

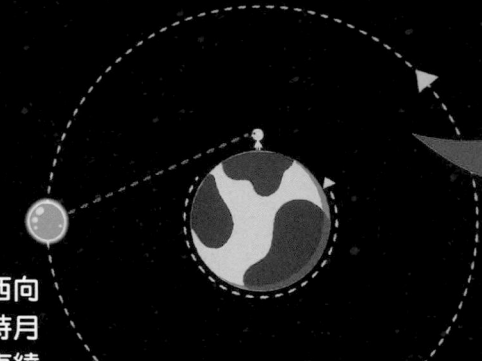

> 我們在地球上看，會覺得是月亮由東向西移動呢！

1 地球每天由西向東自轉，同時月球也由西向東繞地球公轉。

第一天
第二天
13°夾角

> 奇怪，月亮怎麼還沒出現？

2 當地球轉了一圈，回到前一天晚上的位置，月球已經繞地球多前進了一點，不在原來的地點了。

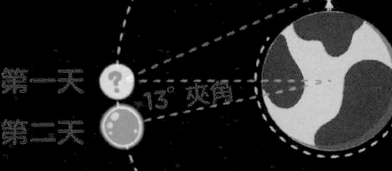

> 月亮比前一天遲到52分鐘！

3 於是地球就要再多轉一點才會看到月球。因此我們每天都覺得月亮遲到了。

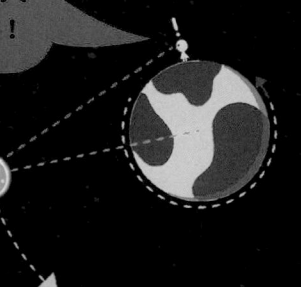

---

① 月球繞行地球
一圈360°，
需要27.3天。

360÷27.3 = 13.19
月球一天約前進13°。

② 地球自轉
一圈360°，
需要一天24小時。

24X60=1440
1440÷360=4
地球轉1°需要4分鐘。

③ 所以每天地球要多轉
13°才能看到月球，
13X4=52，也就是說，
我們每天要比
前一天晚52分鐘
才能看到月亮升起。

Q41 為什麼我走路時，常常覺得月亮會跟著我走？

A 這是人的視覺錯覺造成的，月亮不會跟著人走路喔。

 因為月亮離我們太遠了，所以當我們前進時，感覺不到月亮跟我們的距離變化，就以為月亮一直跟著我們走。

月亮不要跟著我啦！

我才沒有！

Q42 月球上到底有沒有住人？

A 沒有，月球環境無法讓人類在上面生存。

我覺得月亮上看起來也住了老鼠！

 滿月時，月亮表面看起來有陰影，古人常把陰影形狀聯想成傳說故事，例如嫦娥和玉兔。

 實際上月球大氣非常稀薄，表面也沒有液態水，日夜溫差還超過200℃，並不適合人類或兔子居住。

Q43 為什麼會有日食？

 **A** 當月球剛好擋住太陽，太陽就變成黑色圓盤，看起來像被吃掉一樣。

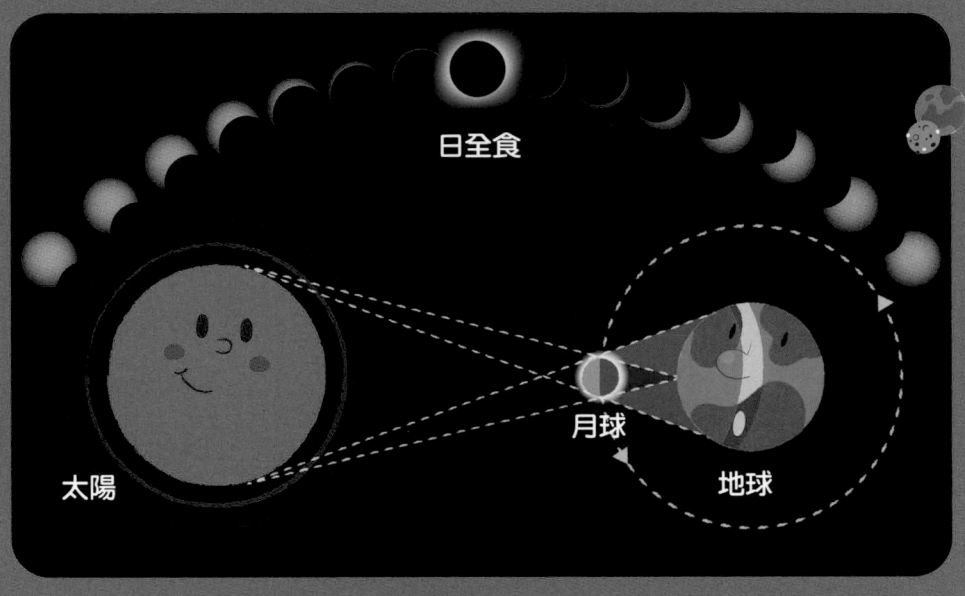

日全食

太陽　月球　地球

當月球剛好運行到地球跟太陽中間、在太空中連成一直線時，從地球上看起來月亮剛好會把太陽擋住。太陽變成黑色圓盤，就像被吃掉一樣，所以叫日食。

Q44 為什麼不會每個月都有日食？

 **A** 月球繞地球的軌道跟陽光有個傾斜夾角，所以日、月、地連成一線的機會不多。

 月球雖然每個月的農曆初一都會運行到太陽跟地球之間，但是月球繞地球的平面，和地球繞太陽的平面約有5°的夾角，不是每個月都能剛好完全擋住太陽。

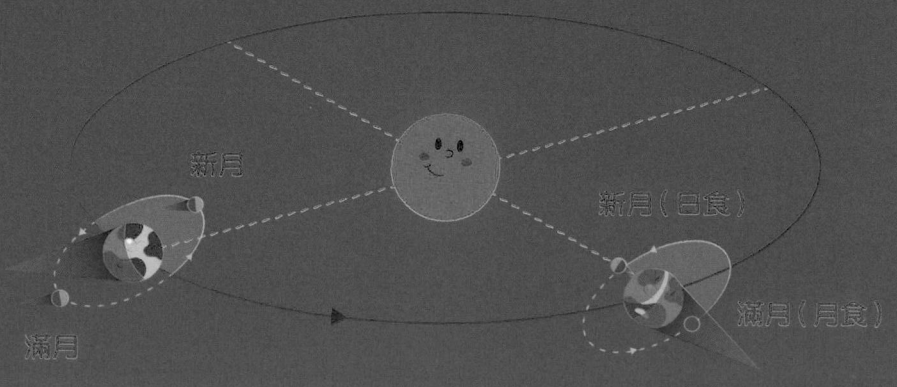

新月　新月（日食）　滿月（月食）　滿月

 只有在太陽、月亮、地球在同一平面、剛好連成一直線時才會發生日食（或月食，見Q45），而且只有在地球特定區域才看得到喔！

針孔投影觀測日食

● 日食時太陽其實還是很亮，直接看的話眼睛會受傷，一定要使用特殊的濾鏡才能看太陽。

● 也可以試試另一個安全的觀測方法，就是「針孔投影」。最簡單的工具就是直接到樹下，觀察陽光透過樹葉間隙投影到地上。

日食時看到的光斑會像這樣呈彎彎的月牙狀。你也可以自己用厚紙板戳幾個小洞，在陽光下拿來觀察在地上的投影變化喔！

等待日食

日食中

● 這是作者在 2020/6/21 觀看日環食的照片，把鋼板上的小洞排成文字來記錄日食。左圖的光點形狀比較胖，右圖的光點形狀比較細，像新月一樣，這時候日食已經很明顯了。

Q45 為什麼會有月食？

 **A** 當地球擋住太陽照射月球的光線，就會發生月食。

 跟日食的原理類似，當地球在太陽、月球之間，剛好連成一直線時，地球擋住了太陽光，就會出現月食。

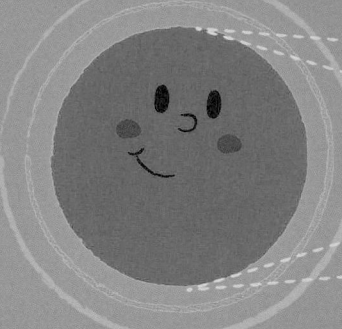

太陽

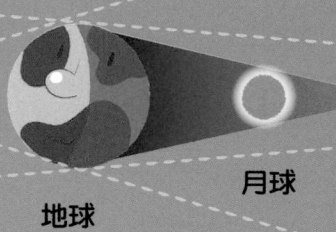

地球

月球

天文小故事

天狗蟾蜍吃月亮

古代人不清楚月食的原理，常認為月亮是被吃掉又再被吐出來，就創造了一些想像故事。中國古籍例如《史記》、《淮南子》都將月食現象描寫成蟾蜍食月。另外也有神話提到，有位孝子目連的母親做了很多壞事被上天變成狗，打入地獄。惡犬被目連救出後想報復神明，就吃掉月亮，甚至還吃了太陽。最後還是聽到鞭炮鑼鼓聲，被驚嚇才將日月吐了出來。

拜託不要吃我啊！

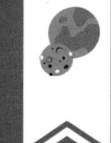

 為什麼有時候月亮看起來紅紅的？

A 這是因為地球的大氣層濾掉了藍光，
剩下紅光從月球反射到地球。

紅色月亮通常發生在月食或月亮剛升起時。太陽光或月光因為經過較厚的地球大氣層，藍光容易在裡面散開，剩下紅色光照射出來，最後我們就會看見紅紅的月亮。

藍光在大氣層中散射

月食

太陽

地球大氣層折射出來的紅光

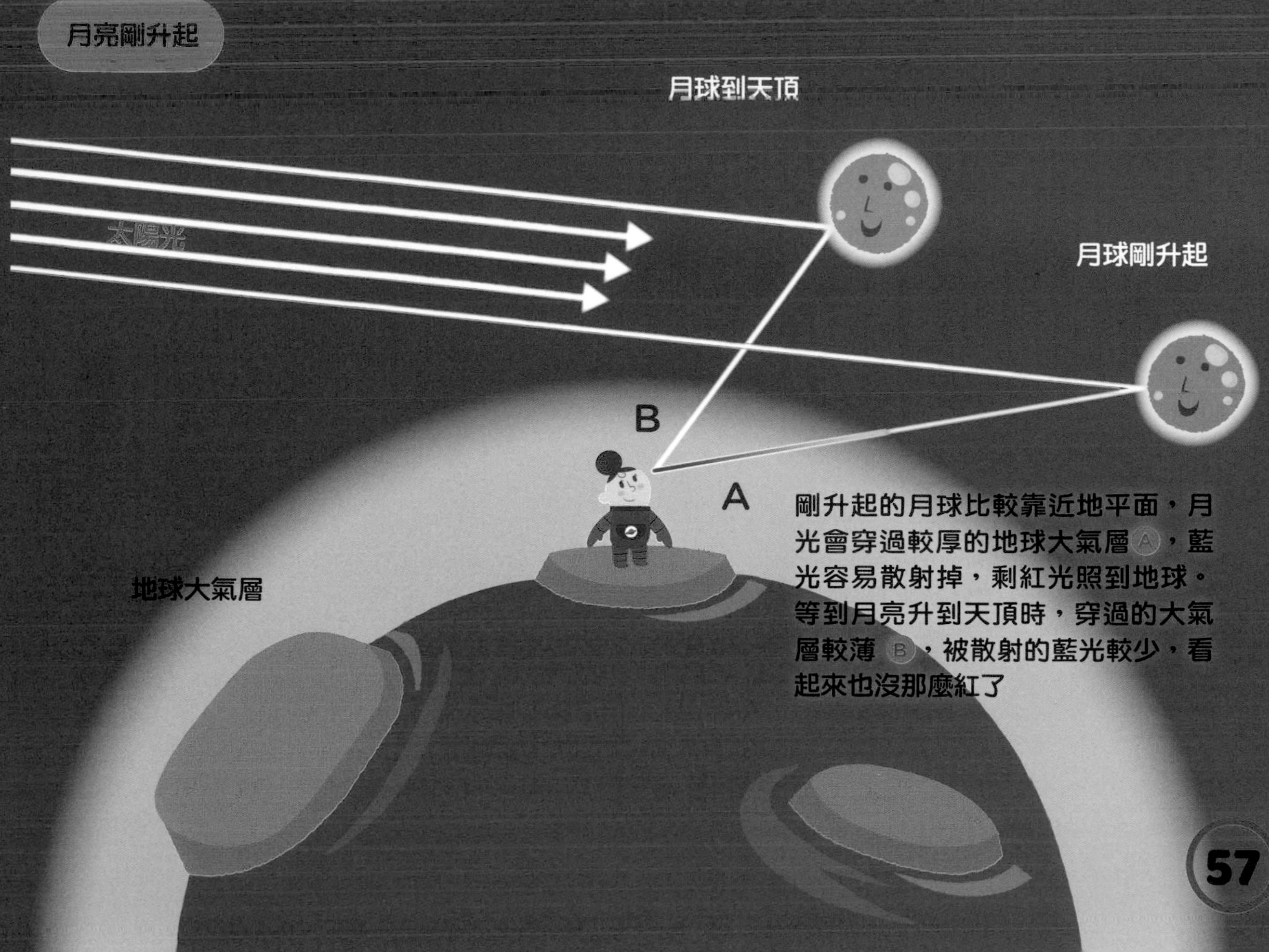

月亮剛升起

月球到天頂

太陽光

月球剛升起

B

A

地球大氣層

剛升起的月球比較靠近地平面，月光會穿過較厚的地球大氣層 A，藍光容易散射掉，剩紅光照到地球。等到月亮升到天頂時，穿過的大氣層較薄 B，被散射的藍光較少，看起來也沒那麼紅了

Q47 什麼是超級月亮？

A 這不是天文學的專有名詞，而是用來描述月球比較接近地球時的滿月。

平常我們為了方便說明，會把月球繞地球的軌道畫成圓形，但月球軌道其實是**橢圓形**的。因此，月球和地球的距離並不是固定的。

離地球最遠  　　40.6萬公里　　  　　35.6萬公里　　  離地球最近

當滿月時，若剛好月地距離小於36萬公里，這時月亮看起來會比較大一些，就叫做超級月亮，也就是俗稱的最大滿月。

一般滿月　　　　　　　最大滿月

這是2016年的一般滿月和最大滿月。平均比較起來，最大滿月看起來比最小滿月大14%、亮30%。

Q48 沒有月球的話地球會怎麼樣？

A 地球季節會劇烈變化，還可能常常被流星撞擊。

 月球對地球的影響很大，它跟地球之間的**潮汐力**可以拉住地球，讓地球的運轉和自轉軸比較穩定。

 月球也是地球的太空盾牌，小行星或流星體如果接近地球，較有可能先砸到月亮。

海水潮汐變小

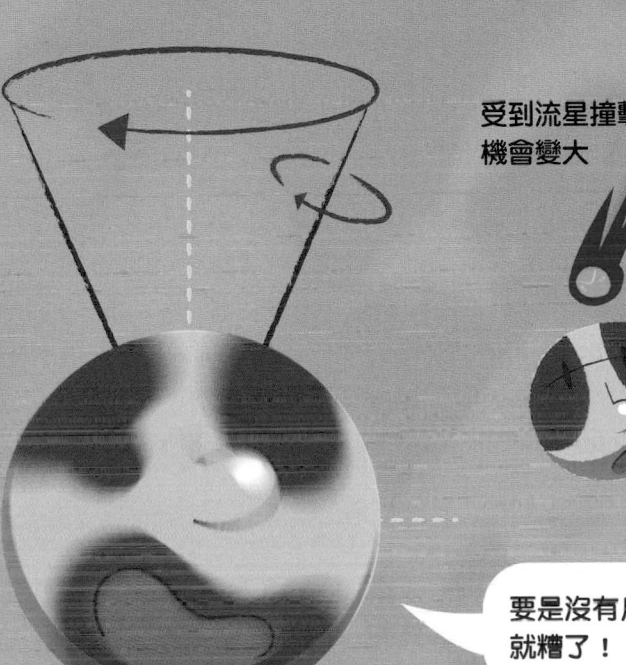

 受到流星撞擊的機會變大

要是沒有月亮就糟了！

自轉軸傾角容易改變

地球的季節變化劇烈

<24

地球自轉變快，一天少於24小時！

天文100問

如何觀察恆星與星座？

Q49 → Q61

夜空繁星點點，恆星的顏色和亮度各不相同，

其實都能從中解讀出遙遠星體的訊息。

從古代就有的星座，要怎麼辨認它們的樣貌？

掌握基礎的觀星概念和原理，

面對美麗的星空，就能發現更多驚喜。

Q49　什麼是恆星？

A 恆星是一種本身會發光、並能釋放巨大能量的天體，例如太陽就是一顆恆星。

恆星的主要成分是**氫**，經由不斷的進行**核融合反應**產生巨大能量，太陽就是這樣，並釋放光和熱。

夜晚我們看到的星星，絕大多數都屬於**銀河系**的**恆星**。由於恆星距離地球太遠了，看起來彼此間的相對位置好像都不會改變，才被人們稱為「**恆星**」。事實上恆星的運行速度很快，每秒甚至可達數百至數千公里呢！

大多數閃耀在夜空的星星，都是跟太陽一樣的恆星。圖為合歡山上拍到的璀璨星空。

Q50　宇宙中到底有多少顆星星？

A 有非常非常多顆星星，很難精算正確數目。

大部分的星星都是恆星，恆星的數量極為龐大，以銀河系來說，大約就有上千億顆（10^{11}）顆恆星。

宇宙中又有上千億個像銀河系般的星系，因此估算起來至少就有 $10^{11} \times 10^{11}$，也就是 10^{22} 顆恆星，真的是多到數也數不清啊！

星星數到我頭都昏了！

以望遠鏡觀測星空中任何一小塊地方，都會發現有無數顆星星或是星系在那裡喔！

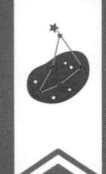

Q51 距離太陽系最近的恆星在哪裡呢？

A 離太陽系最近的恆星是
在半人馬座方向的比鄰星。

位於**半人馬座**的比鄰星，距離太陽約**4.2光年**，意即如果我們搭乘太空船以光速前進，都要花4年以上的時間才能抵達比鄰星。

比鄰星是亮度很弱的**紅矮星**，質量約為太陽的1/8，所以肉眼看不到，得使用高倍率的天文望遠鏡才能觀測。

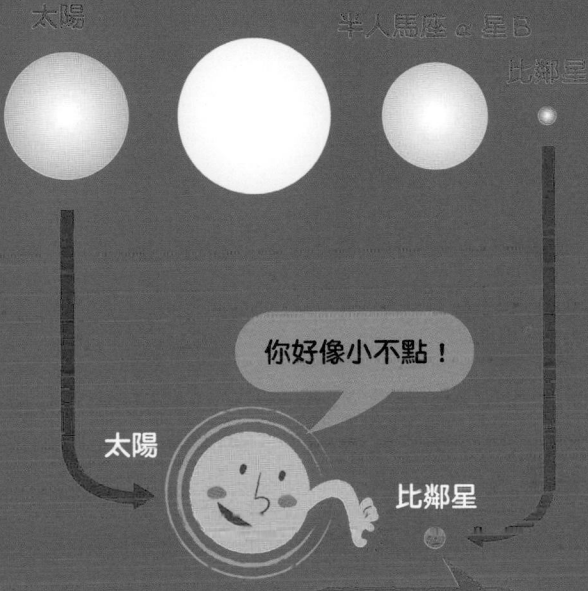

天文小知識

光年有多遠？

「光」在真空狀態每秒約可行進30萬公里，是宇宙中物質運動最快的速度。而「光年」則是指光在真空中行進一年的距離，大約是9.46兆公里，是天文學中常見的距離單位，通常用來丈量很長的距離，如太陽系與任一恆星之間的距離。

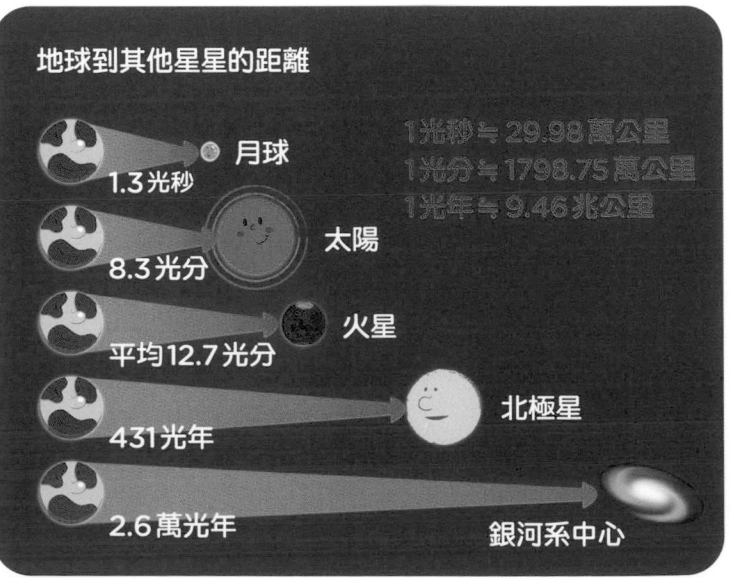

Q52 恆星之間有沒有存在其他物質呢？

A 恆星之間充滿著名為「星際介質」的物質。

 在宇宙中，每一顆恆星都相距非常遠，中間則有天文學家稱為「**星際介質**」的物質。星際介質包括了氣體和塵埃，會發出輻射，地球上的望遠鏡就能觀測到。

由於宇宙空間廣大無垠，星際介質多以低密度方式分布，所以太空中大多數區域都很接近真空狀態。高密度的星際介質區域則是「**星雲**」，也是**恆星誕生區**。

原來這裡就是星星誕生的故鄉呀！

這是著名的獵戶座大星雲，又稱「火鳥星雲」，有上千顆星星正在誕生。

Q53 恆星可以活多久呢？

A 每顆恆星的壽命長短不一，約在數百萬年至數百億年間。

 恆星壽命長短與質量大小有關。大質量恆星的燃料消耗特別快，有的甚至只能發光發熱約幾百萬年，頂多存活數億年就會爆炸死亡。

小質量恆星發出的光和熱較少，燃料消耗較慢，但壽命反而較長，目前已知最老恆星已超過130億歲，跟宇宙年齡差不多，而且預期還能活很久喔！

平常看太陽超級大，竟然只是小質量恆星！

太陽屬於小質量恆星，壽命約有100億年。

Q54 恆星死掉後會變成什麼樣子呢？

A 大質量恆星會變成黑洞或中子星；
小質量恆星則會變成白矮星。

大質量恆星在生命晚期會膨脹成為**紅超巨星**，
之後則會爆炸，稱為**超新星爆炸**，並將大部分
的物質都炸飛拋回太空，成為下一代恆星形成
的原料。如果爆炸後核心還存在，則會變成**黑
洞**或**中子星**，都是密度很大的天體。

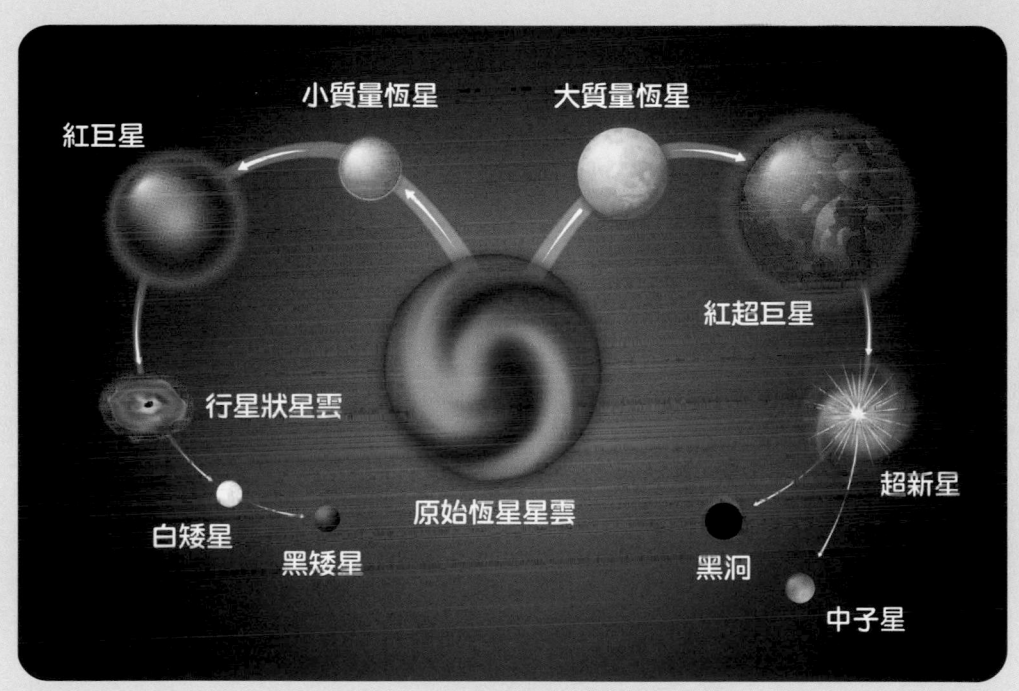

小質量恆星在生命晚期，會膨脹成為**紅巨
星**，其後也會發生爆炸，但是威力沒有超
新星爆炸那麼大，只有把外層的物質炸
掉。剩下的核心物質無法再產生核融合反
應，只能逐漸釋放原有的熱量並且慢慢變
冷而成為**白矮星**。

過了很久以後，白矮星將會冷到無
法再發光而變成**黑矮星**。不過我們
的宇宙現在還算年輕，黑矮星目前
還不存在。

Q55 越大顆的星星看起來是不是越亮呢？

A 看起來特別亮的星星，可能是本身較大顆，或是距離地球較近。

 通常越大顆的星星，看起來會越亮，但如果離地球很遠的話，看起來就會沒那麼亮；相反的，即使是較小顆的星星，如果離地球很近，看起來也會比較亮。

如果把星星們都放在一起比較，天狼星明顯比北河三、大角星和畢宿五等恆星小得多。

天狼星

北河三

大角星

畢宿五

但因天狼星離地球較近，反而成為冬天夜空中最亮的星星。

天狼星

天狼星

太陽

屬於小質星恆星的太陽，體積甚至比天狼星小得多，但因為很靠近地球，亮度就比天狼星亮得多。

「視星等」與「絕對星等」

天文學家評估星星有多亮的單位是「星等」，星等的
數字越小表示越亮，所以0等星比1等星還要亮，
我們肉眼最暗能看到6等星。

431光年　北極星

26.5光年　織女星

8.3光分　太陽

1 視星等

「視星等」指的是從地球上觀測到的星等
亮度，北極星是2.0，織女星是0，至
於最明亮的太陽，視星等則為-26.7。
太陽是看起來最亮的恆星。

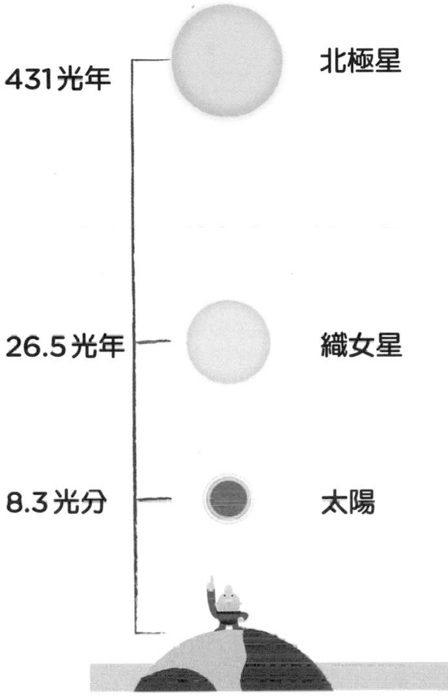

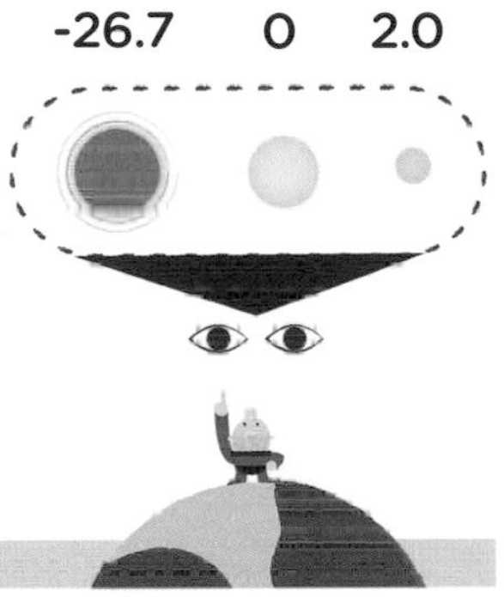

-26.7　0　2.0

32.6光年

太陽　織女星　北極星

4.8　0.45　-3.6

2 絕對星等

「絕對星等」則是將星
星擺在同樣的距離來比
較亮度。比太陽大很多
的北極星和織女星，星
等分別會提高至-3.6
及0.45，但太陽的星
等會變成4.8，成為三
顆中最暗的恆星！

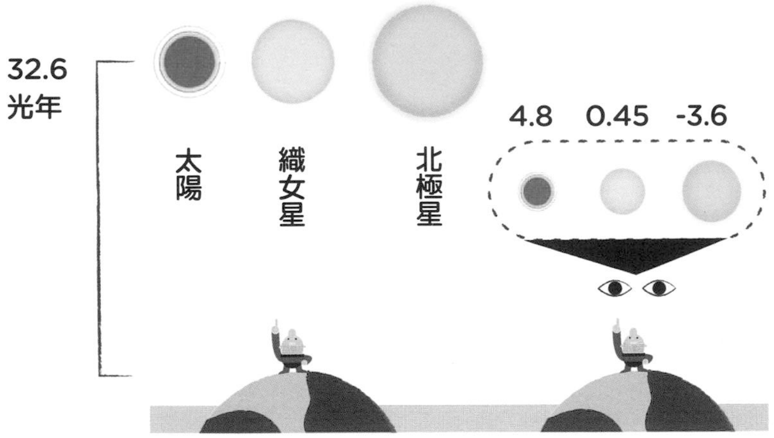

終於有公平的
比賽方法了！

哼！這種比法跟
現實不符啦！

Q56 為什麼星星有不同的顏色呢？

A 因為恆星的表面溫度不一樣，所以會有不同的顏色。

 恆星可以發出我們眼睛看得到的光，稱為「可見光」。表面溫度10000℃以上的星星，發出的光會偏藍；表面溫度4000℃以下的星星，發出的光則偏紅。

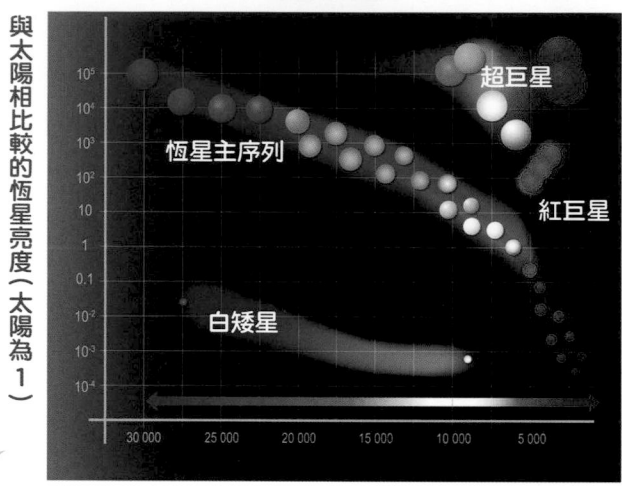

恆星光譜

與太陽相比較的恆星亮度（太陽為1）

- 10^5
- 10^4
- 10^3
- 10^2
- 10
- 1
- 0.1
- 10^{-2}
- 10^{-3}
- 10^{-4}

超巨星
恆星主序列
紅巨星
白矮星

恆星溫度（℃）

30 000　25 000　20 000　15 000　10 000　5 000

藍光的波長較短，最易被人眼接收，其次是黃光，紅光的波長則較長，不容易看到。但人眼在幽暗的環境下較不敏感，難以辨識顏色，所以從夜空看到的星星，大都以白色為主。

在恆星光譜中比對可發現，太陽表面溫度約5500℃，發出的光是白色偏黃。

天文小知識

紅外線探測儀揪出發燒者

物體有溫度就會發出輻射，也就是不同波長的光。通常溫度越高的光波長越短且偏藍色；溫度越低的光波長越長且偏紅色。人體所發出最強的光大概是在紅外線的範圍。紅外線跟電波一樣，人眼無法看到，只能透過儀器偵測，而近年為了防疫需求，許多大型公眾場所都會設置紅外線探測儀，可以快速偵測群眾的體溫。

39.2℃

我發燒被發現了！

經過紅外線探測儀的快速偵測，可以發現左三的那位民眾體溫高達39.2℃，已經明顯發燒了！

Q57 宇宙中有綠色的星星嗎?

A 宇宙中其實有綠色光的星星,
只是人類會覺得它是白色星星。

 人眼判斷顏色的**三種錐狀細胞**,各自對紅、綠、藍三種顏色敏感,收到訊號後再由大腦組合起來判定顏色。

 星星會發出各種顏色的光,即使它發出的綠光最強,但通常也會發出其他色光,會讓人眼三種判斷顏色的錐狀細胞都產生反應,此時大腦就會把這顆星星判定是白色。所以我們的眼睛看不到綠色星星,是因為大腦在作怪唷!

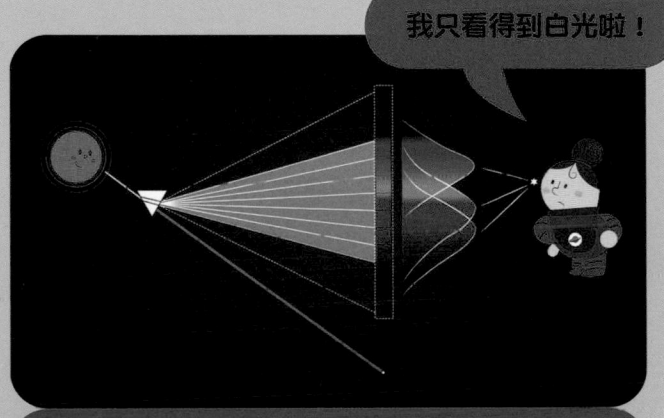

我只看得到白光啦!

太陽發出的光看起來是白色偏黃的,但其實是由各種色光所組成,其中又以黃綠光最強。

Q58 星星也跟太陽一樣 會東升西落嗎?

A 從地球上觀察天上大部分的天體,都會從東方升起、西方落下。

 由於地球的自轉方向是由**西向東轉**,所以我們每天觀察天上的太陽、月亮、行星及恆星都會以**東升西落**方向運行。

 日、月及星星每天都看似繞著地球自轉軸進行圓周運動,稱為「**周日運動**」。唯一例外的是**北極星**,因為它在天空的位置跟地球自轉軸同方向,所以才會看起來似乎永遠靜止不動。

難怪北半球的人可以利用北極星來辨認方向!

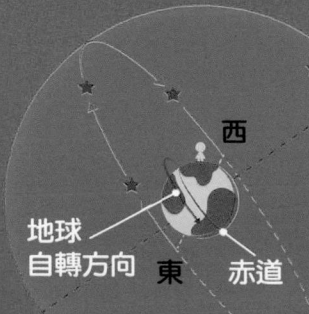

北極星

西

地球自轉方向　東　赤道

Q59 什麼是星座呢？

 **A** 星座是古人運用想像力，將天上星星連成各種物體的形狀並命名而來的。

 星座是指一群群的**恆星集合**，因為恆星離地球太遠了，會讓人覺得它們在天上的位置保持不變，所以古人很早就開始把三五成群的恆星排列成不同形狀，並以他們熟悉的神話或器具命名。

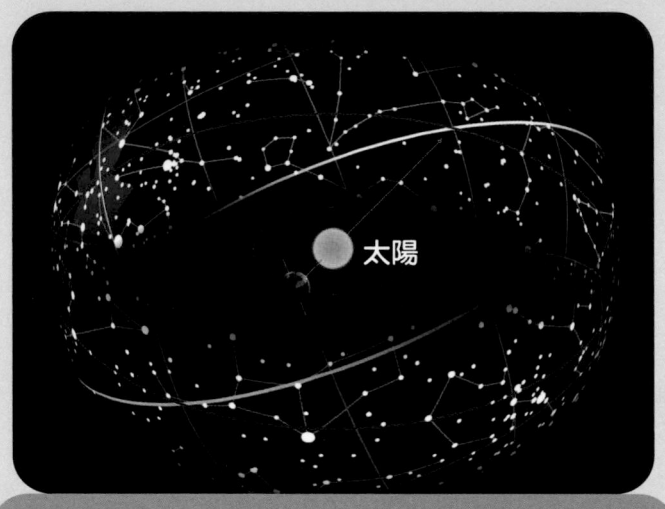

太陽

星座其實是從地球上看到恆星在天上的投影集合。

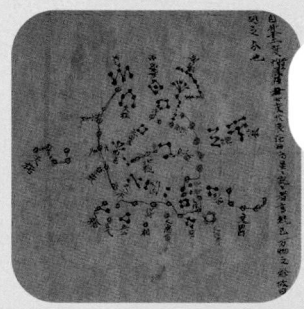

敦煌莫高窟的一幅唐代星圖。

 不同地區的人想像出的星座都不太一樣，所以西方與中國的星座名稱相差很多。目前一般人所熟知的星座，是1930年國際天文聯合會以精確的邊界，將天上的恆星劃分為88個星座。

星座就像是天上的地圖，自古以來就是航海時辨識方位的依據。圖為17世紀荷蘭製圖師畫的星座圖。

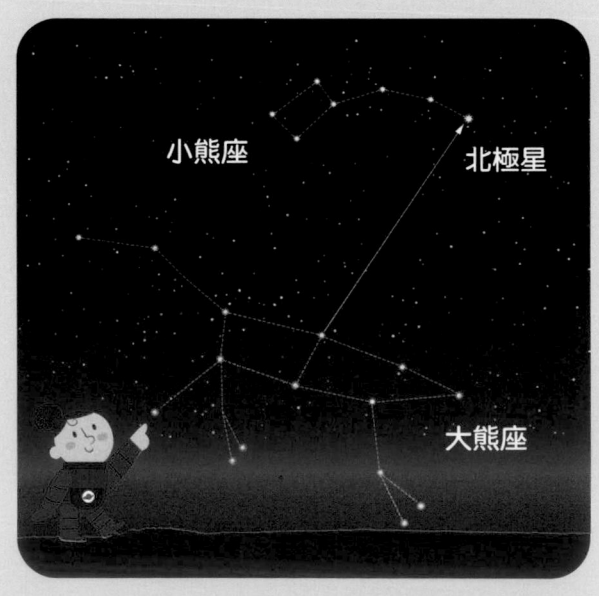

小熊座

北極星

大熊座

 中國俗稱的「**北斗七星**」（標黃線處），其實是西方的**大熊座**中屁股和尾巴部分。只要把北斗七星勺口的前兩顆星連線延伸五倍，就能找到可確認北方的北極星。

Q60 為什麼會有「12星座」的說法？

A 「12星座」源自於古巴比倫人的「黃道12宮」理論，也是西方占星術的重要基礎。

 太陽每天在天上運行的軌跡稱為「黃道」。西元前1000年，古巴比倫人把黃道劃分成12個30°的扇區，每個區域有對應的星座，稱為「黃道12宮」，分別是白羊宮、金牛宮、雙子宮、巨蟹宮、獅子宮、室女宮、天秤宮、天蠍宮、射手宮、摩羯宮、水瓶宮、雙魚宮。

 「黃道12宮」的概念，後來成為西方占星術的重要基礎──每個人皆可由出生當天太陽位在黃道上哪個星座，來確認自己的太陽星座。不過星座占星學一向被學界視為是偽科學，目前沒有科學上的有效性。

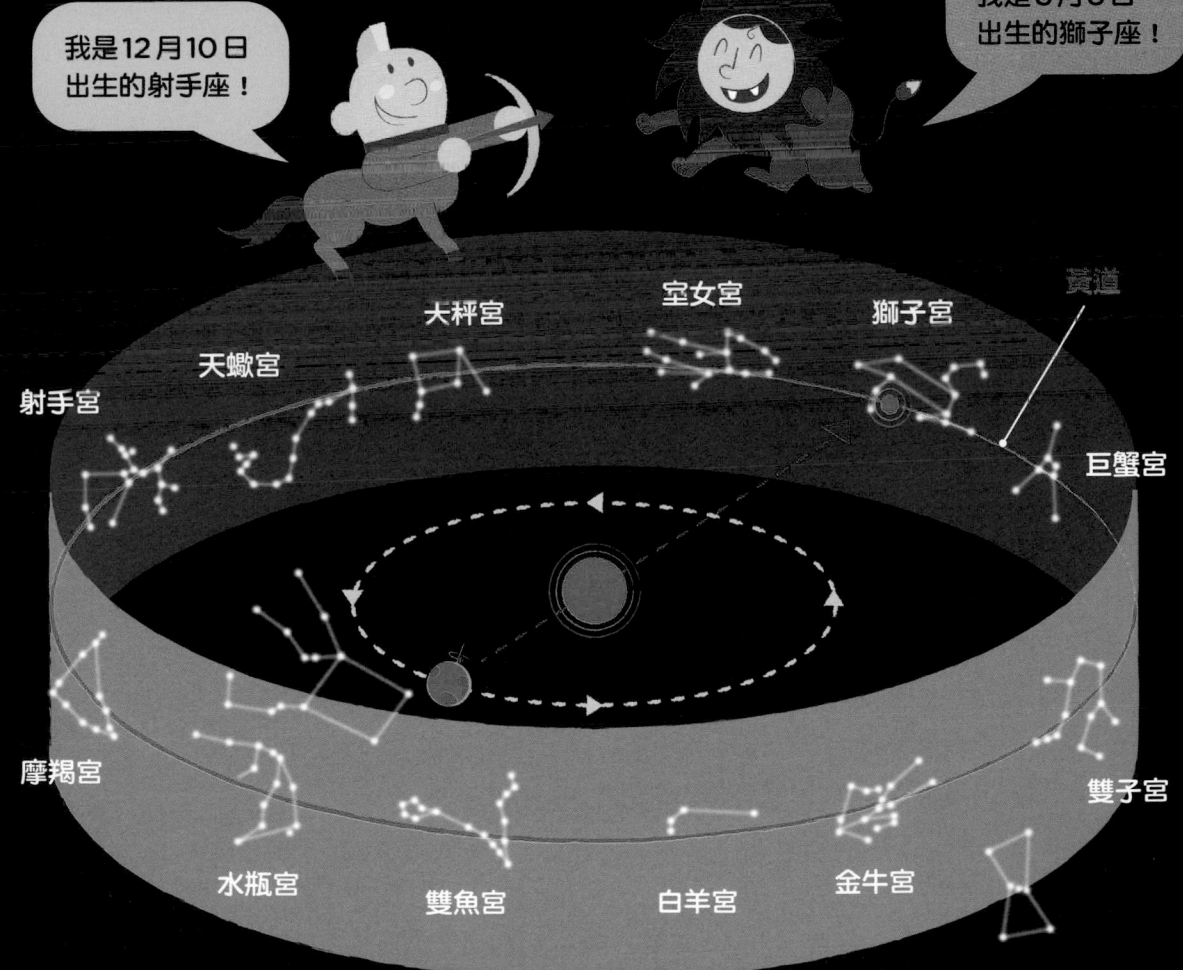

我是12月10日出生的射手座！

我是8月8日出生的獅子座！

舉例來說，每年8月，太陽在黃道約落在獅子宮，這段時間出生的人們，通常就會說自己的星座是「獅子座」。

Q61 為什麼一年四季看到的星星不太一樣？

A 因為地球會繞太陽公轉，所以四季能看到的星星會有變化。

 星星離地球非常遙遠，從地球上觀星會覺得它們在天上的位置固定不變。而白天時因為太陽太亮，人們無法以肉眼觀測星星，只有在夜晚才能看到半邊天空的星星。

 直到地球繞太陽公轉半圈（半年）後，夜間就能看到之前看不到的另一半星空，所以一年四季看到的星星才會不太一樣。

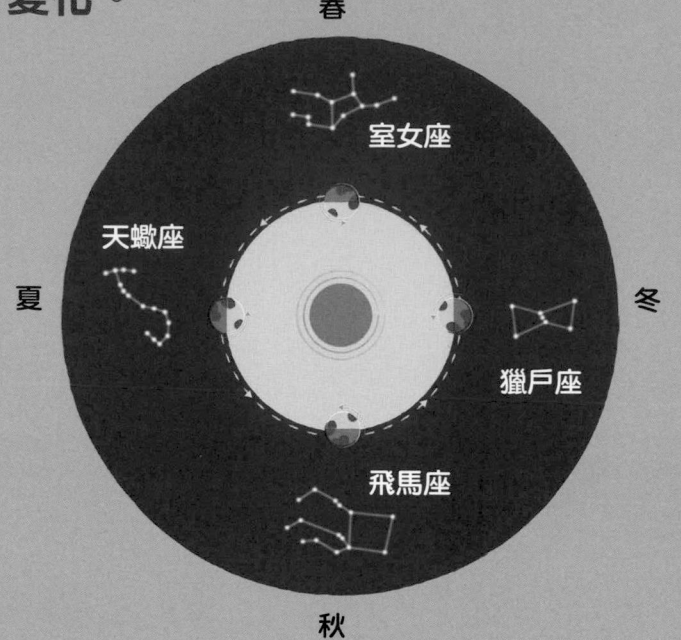

在晴朗的夜晚，春季可看到室女座、夏季能看到半夜出現的天蠍座、秋季可見到飛馬座、冬季則很容易就能找到獵戶座。

 天文小故事

人生不相見，動如參與商

這是唐代詩聖杜甫《贈衛八處士》詩中的名句，其中「參」代表的是「參宿」星，也就是西方的獵戶座；「商」代表「商宿」星，也就是天蠍座。兩個星座各自位於天空兩邊、剛好相差180°，冬天時當獵戶座升到天頂時，天蠍座已降至地平線之下；夏天時則剛好相反，所以極難同時出現在天上。杜甫藉此來比喻「人生別離難相見，就像參星和商星般你起我落、難以相遇。」

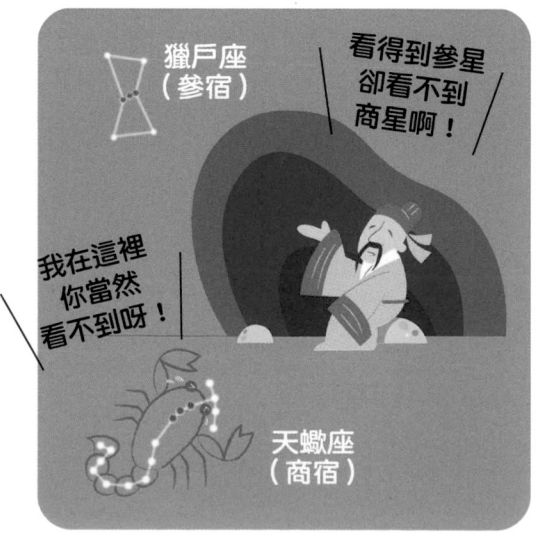

四季星空

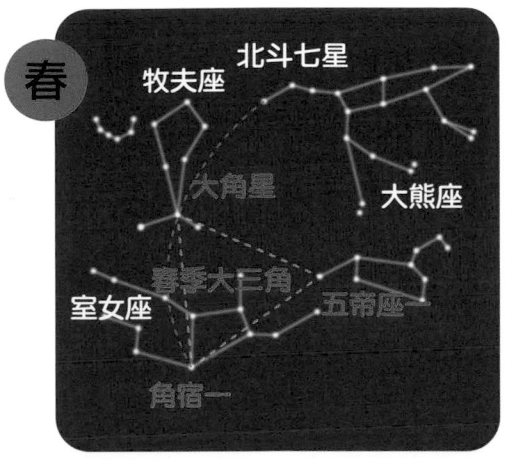

春夜先在北方天空找到北斗七星，沿著北斗七星勺柄的曲線向南延伸，會發現牧夫座的大角星和室女座的角宿一，再往西邊則是獅子座的五帝座一，這三顆星連起來就是著名的「春季大三角」。

夏夜常可看見三顆特別明亮的星星，分別是天琴座的織女星，天鷹座的牛郎星和天鵝座的天津四，這三顆星星所組成的三角形，稱為「夏季大三角」。而以天津四和織女星為對角線，將牛郎星對應過去畫一個平行四邊形，對角處就是北極星。

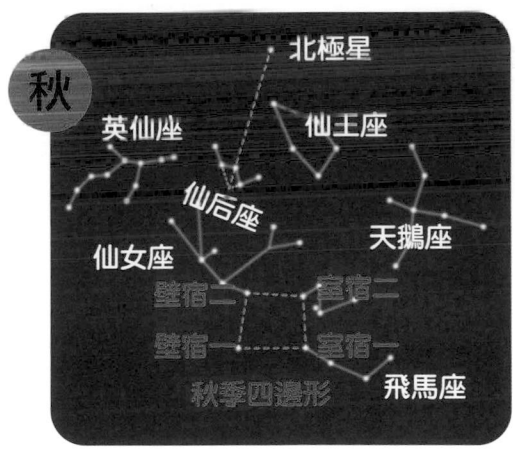

秋夜天頂常可見到一個由四顆亮星所組成的四邊形，稱為「飛馬座四邊形」或「秋季四邊形」。北方則有看起來像「W」字型的仙后座。由仙后座W的兩邊延伸線交點，與中間那顆星的連線，朝開口方向延伸五倍左右的距離，即可找到北極星。

獵戶座是冬季最容易辨認的星座。獵戶座腰帶有明亮的三連星，上方的參宿四、參宿五與下方的參宿六、參宿七，分別構成了獵戶的肩膀和雙腳。將參宿四和大犬座的天狼星、小犬座的南河三連線起來組成的大三角形，稱為「冬季大三角」。

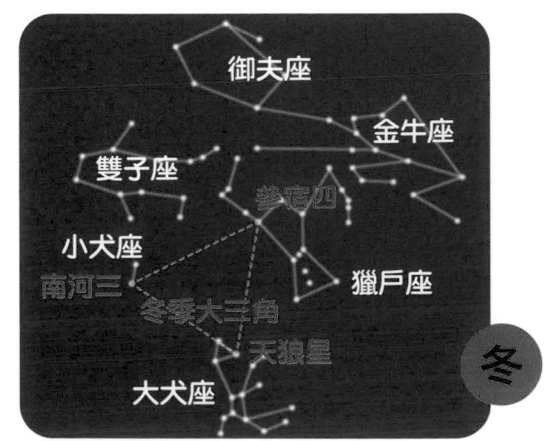

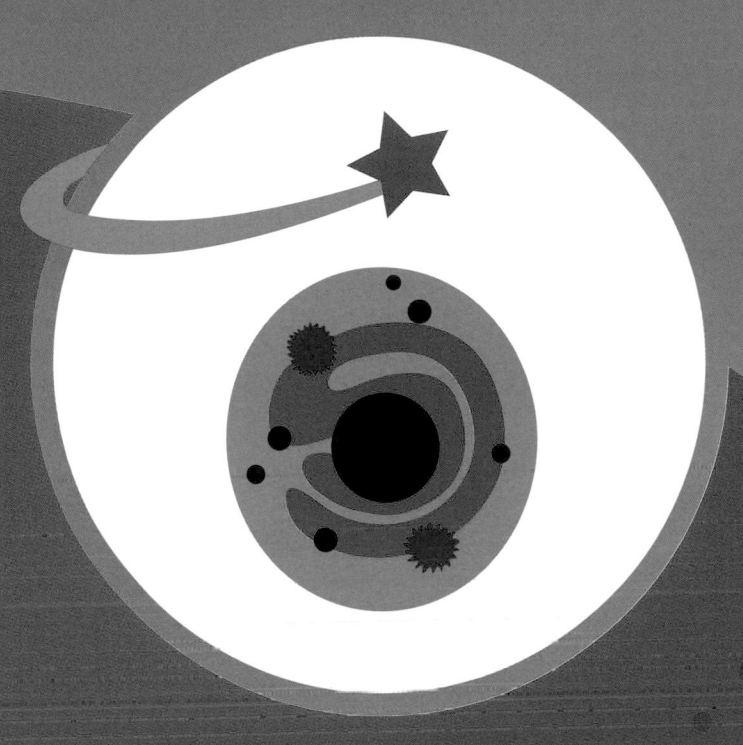

神祕的黑洞與星系

Q62 → Q72

不論是銀河系或更外圍的星系，
還是充滿謎題的黑洞。
都是地球上的我們很難想像的現象。
但如今科學家們一步步揭曉部分答案，
現在我們可以認識黑洞的樣貌、星系的特性，
甚至瞭解它們的成因與未來命運。

Q62 什麼是黑洞？

A 黑洞像是宇宙中的陷阱，
任何東西掉進去都無法逃出來。

黑洞是宇宙中重力極強的地方，就連光也無法從黑洞中逃脫，因此我們看不到它，才會將它命名為「黑洞」。

事件視界：進到這個邊界裡的東西就出不來了。

不要再靠近啦，你會回不來的！

奇異點：掉到黑洞中的東西都會往這個地方靠近。這個點理論上看不見大小，卻有大量物質被壓縮，集中在這裡。

Q63 黑洞從哪裡來？

A 有一種黑洞是恆星死掉變成的，
另一種黑洞則是和星系一起誕生。

我們的太陽質量比較小，死掉不會變成黑洞。但是質量較大的恆星，最終命運經常就是變成黑洞。這種黑洞的質量甚至可以達到太陽的數十倍。

一般認為，每個星系中央都住著一個**超大質量黑洞**，這種巨獸般的黑洞質量通常是太陽的數百萬到數十億倍。這個巨大黑洞很可能是星系誕生的時候，就同時出現了。

我們所居住的銀河系中央，也有一個超大質量黑洞人馬座 A*，質量高達太陽的 400 萬倍。

Q64　人掉進黑洞會發生什麼事？

A　你可能會被拉長或被扯碎，無法存活。

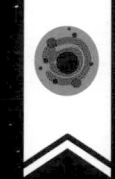

 如果是跳進超大質量黑洞，你或許有機會進到事件視界裡，不過黑洞的奇異點也很可能會把你扯碎。

救命啊啊啊！

 如果是恆星死掉所變成的那種黑洞，千萬不要跳進去！這種黑洞的重力場變化非常劇烈，要是你腳朝向黑洞往下掉，腳受到的重力會比頭強大很多，你就會被拉長成麵條狀。

近年來科學家發現，**說不定**真的存在某種比較溫和的黑洞奇異點，人類有機會在黑洞裡面存活。但一定要想清楚，進入黑洞之後就沒有回頭路了！

就算進去也不能分享我看到的風景……

來吧來吧，很好玩的喔。

 黑洞裡面到底有什麼？有人猜想，黑洞裡面存在高維度的空間。不過，因為進去黑洞的東西都再也出不來，目前沒人知道黑洞裡面到底是怎麼回事。

Q65 黑洞不會發光，人們是怎麼找到它的呢？

A 可以藉由觀察黑洞周遭會發生的特殊狀況，反過來推論黑洞存在。

推算周圍恆星的運轉

 黑洞其實跟一般的天體很像，會因為重力跟恆星或其他天體繞著彼此運轉。我們看不到黑洞，但是可以觀察受黑洞影響而繞行的「同伴」。例如大部分恆星質量級的黑洞都是在X光雙星系統中發現的。

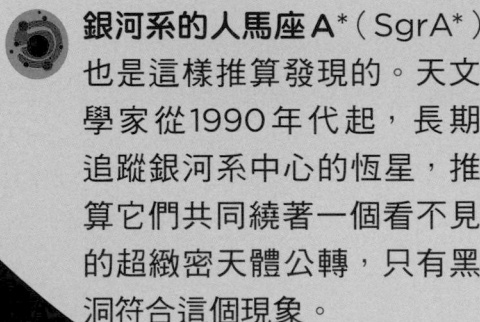 **銀河系的人馬座A*（SgrA*）** 也是這樣推算發現的。天文學家從1990年代起，長期追蹤銀河系中心的恆星，推算它們共同繞著一個看不見的超緻密天體公轉，只有黑洞符合這個現象。

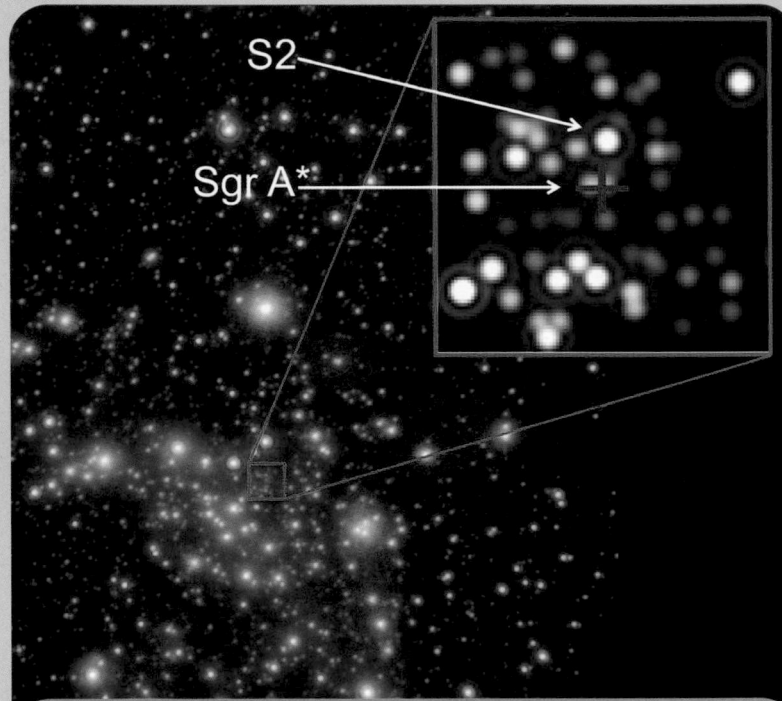

這是歐洲南方天文臺（ESO）的甚大望遠鏡所拍攝的銀河系中心，橘色十字為黑洞，而S2是天文學家長期追蹤的鄰近恆星之一。

就像是跟隱形人跳舞，可以從舞伴發現隱形人存在！

拍攝黑洞的剪影

黑洞本身不會發光，但當物質掉進黑洞前，受黑洞重力影響會在黑洞周圍高速旋轉並發光。如果我們能夠拍到黑洞周遭的光，映襯著中間不發光的黑洞（事件視界），就等於拍到黑洞的真面目。

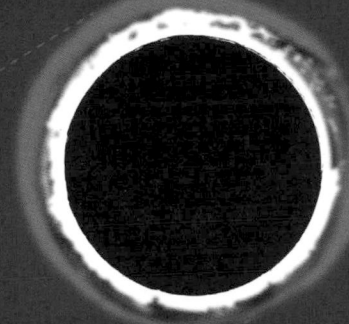

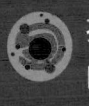

拍攝黑洞剪影，需要超強解析力的望遠鏡才能完成。科學家想到一個聰明的辦法：讓世界各地的大望遠鏡同時拍攝黑洞，然後集合這些觀測去組合照片，就相當於擁有一座解析力極高、鏡面跟地球一樣大的超級望遠鏡！

這組超級望遠鏡稱為「事件視界望遠鏡（EHT）」，在2019年公布史上首張黑洞照片——M87星系中央超大質量黑洞的觀測影像。光亮部分看起來像個甜甜圈，中間漆黑的空洞就是黑洞剪影。

Q66 黑洞遇到黑洞會怎麼樣？

 **A** 可能會合併成一個更大的黑洞，並且放出重力波。

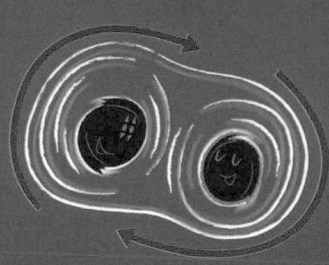

1 兩個距離相近的黑洞會互相繞轉。

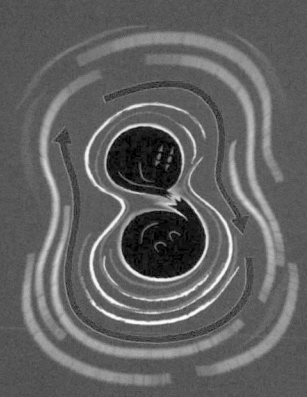

2 兩個黑洞越靠越近。在它們快要合併時，時空會被劇烈扭曲，形成漣漪。

3 這個往外擴的漣漪稱為「重力波」。

從遙遠宇宙中傳到地球的重力波非常小，極難偵測。早在1915年，愛因斯坦提出的理論就隱含著重力波存在的預言。但直到一百年後，科學家才藉由特殊觀測證實重力波存在。

2015年美國的雷射干涉重力波天文臺（LIGO）偵測到重力波。探測器兩側的靈敏偵測長臂長達4公里。這是史上第一次接收到重力波訊號，也是首次找到雙黑洞合併的證據。

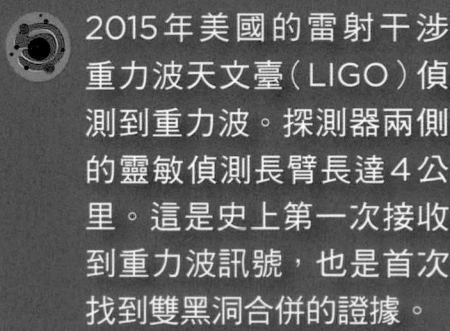

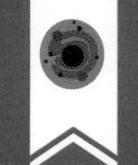

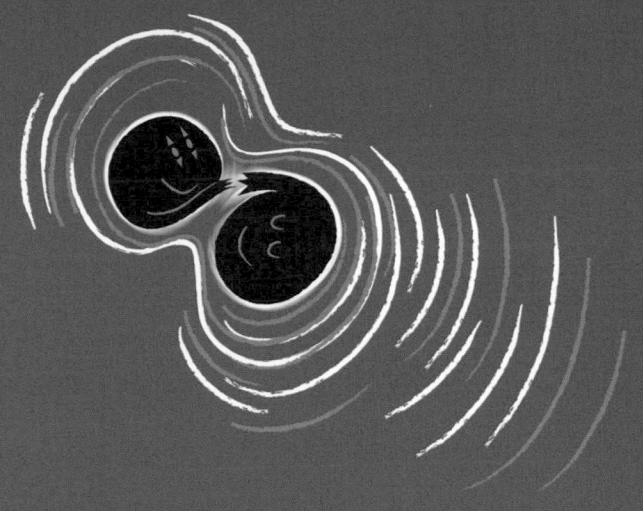

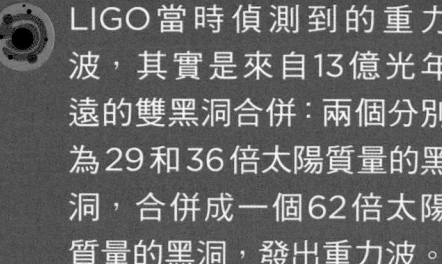 LIGO當時偵測到的重力波，其實是來自13億光年遠的雙黑洞合併：兩個分別為29和36倍太陽質量的黑洞，合併成一個62倍太陽質量的黑洞，發出重力波。

這是13億年前發出的重力波，好古老啊！

天文小知識

蟲洞是什麼？

科學家假設宇宙中存在一種結構，可以連結兩個不同時空，那就是蟲洞。目前還只是理論猜想，沒有在現實世界中證實。如果蟲洞真的能像座橋一樣串起宇宙中兩個遙遠的時空，人就能達成時空旅行。也就是說，蟲洞或許是一種時光機。

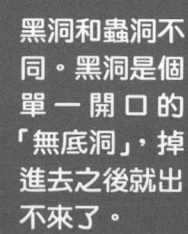

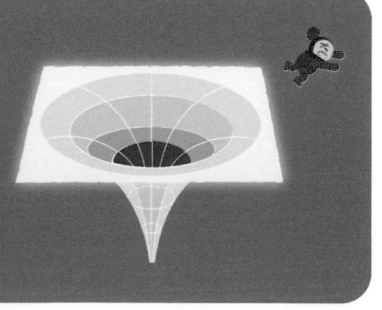

黑洞和蟲洞不同。黑洞是個單一開口的「無底洞」，掉進去之後就出不來了。

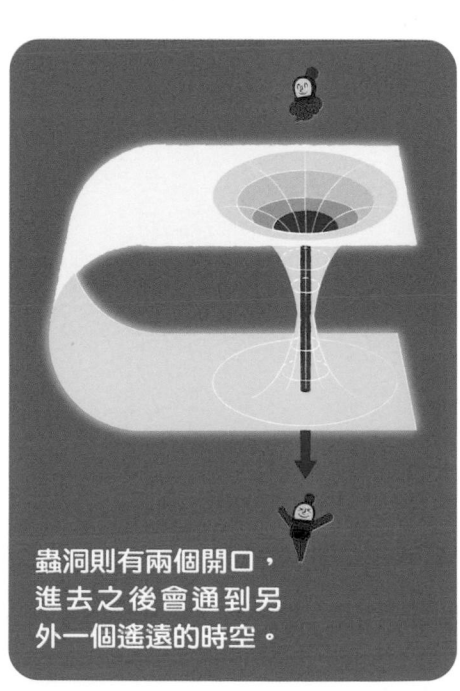

蟲洞則有兩個開口，進去之後會通到另外一個遙遠的時空。

Q67 什麼是星系？

A 星系是由至少上億顆恆星組成的系統。

除了恆星之外，星系裡還有大量的氣體和塵埃，這些物質和恆星共同繞著星系中心旋轉。

這是仙女座大星系，在秋季夜空中可以看見它的蹤影。

天文學家根據星系的形狀，大致把它們分成：

橢圓形

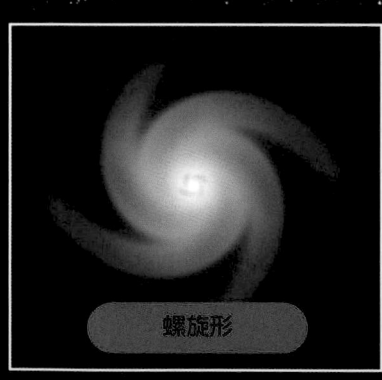

螺旋形

不規則形

星系 ESO 325-G004

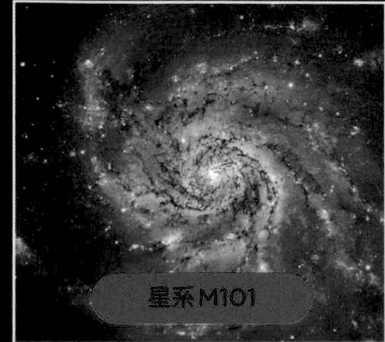

星系 M101

星系 NGC 1569

 **Q68 地球位在哪個星系？**

A 我們所在的星系是銀河系。

宇宙中有數千億個星系，我們所在的「銀河系」裡有數千億顆星星，太陽只是其中一顆星而已。

銀河系屬於螺旋星系，這是正面的模擬樣貌。

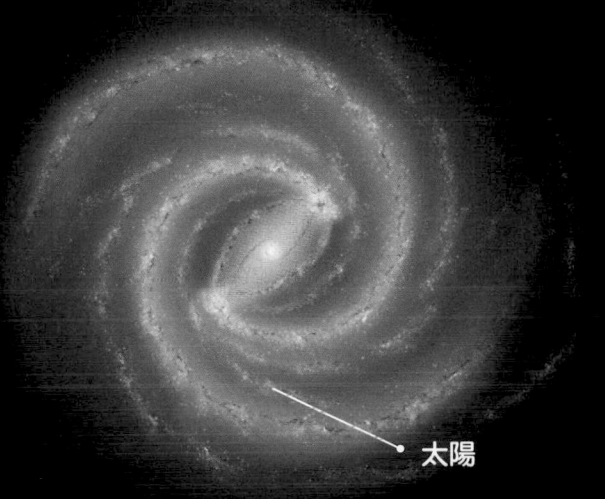

太陽

經過天文學家的還原可知，銀河系的構造像是一個荷包蛋，從側面看，主要結構是個扁平的盤狀構造，中間則有個突出的核球，外圍則有銀暈。

因為我們就住在銀河系裡，所以看不到它的全貌，而是看到帶狀的銀河。

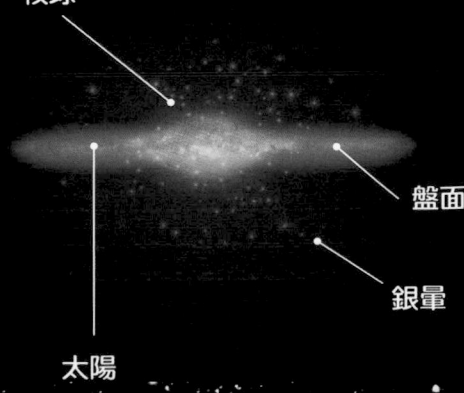

核球

盤面

銀暈

太陽

銀河系的側面樣貌。

Q69 為什麼銀河上有一條條黑線呢？

A 那是星系裡的塵埃遮擋光線，造成暗帶。

暗帶

看起來好像有人在銀河上亂畫喔。

不只銀河，還有很多星系都有黑線。星系裡充滿著塵埃，這些塵埃不像星星一樣能發光，反而會遮擋光線，於是塵埃密集的地方看起來就是一條條暗帶。

天文小故事

銀河傳說

從古到今，帶狀的銀河都是夜空中最容易觀察到的美景。各個古文明都有關於銀河的傳說故事：在中國文化中，它是阻隔牛郎織女會面的天河；古代亞美尼亞人則說這是偷麥稈的神，逃跑途中掉下來的麥稈；芬蘭人則是觀察到，候鳥往南遷徙時，需要銀河來指引。如果由你來觀察、寫故事，你覺得銀河像什麼呢？

女神希拉

銀河的英文名稱為「The Milky Way（奶水道）」，就是來自希臘神話——銀河是女神希拉灑落的奶水。

Q70 星星和星系是怎麼命名的？

A 使用古代慣用名稱，依外型命名，或是天體目錄中的編號。

 宇宙中真正擁有常用稱呼的星星和星系，通常是古代就觀察得到的星體，跟現代所能觀測的星體比起來，其實非常少數。而同一顆星因為不同的命名方法，可能擁有不只一個名字。

 常用英文星名有許多是從阿拉伯文而來，以特定的人事物來命名。同一顆星也可能依它所在的星座，跟星座中其他恆星一起排序命名。

> 中國古代星宿跟西方星座是不一樣的喔！

例如獵戶座右肩的星星 Betelgeuse，為阿拉伯文「獵人之手」之意；中文星名為參宿四，同時又被稱為 α Orionis（獵戶座 α ）。

 中文星名則是沿襲中國古代傳統，常用「星宿名稱＋編號」來命名。像「參宿四」就是古代星宿「參宿」當中編號第4的星。

> 至於星系的名稱，有時會從外觀形狀來命名，例如「草帽星系」。

> 其他星星或星系如果沒有常用名稱，就會用目錄中的編號來稱呼，例如IC1101星系，還有這張圖中的M83星系。

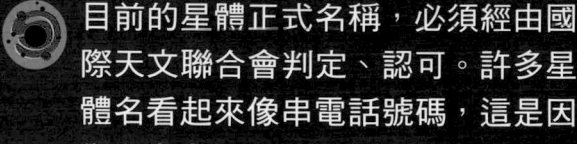

 目前的星體正式名稱，必須經由國際天文聯合會判定、認可。許多星體名看起來像串電話號碼，這是因為名字中包含它的座標喔！

Q71 宇宙最大的星系有多大呢？

A 直徑大約5百萬光年，是銀河系的50倍大。

星系IC1101距離我們有10.4億光年遠。

目前所知最大的星系是IC1101，有銀河系的50倍大、2000倍重，裡面推測有一百兆顆恆星。

IC1101最早由天文學家威廉·赫歇爾（Frederick William Herschel）在1790年發現，當時還沒有星系的概念，就把它歸類成星雲。

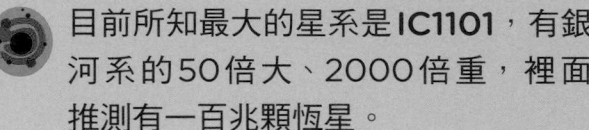

威廉·赫歇爾

天文小知識

從銀河到宇宙

20世紀初時，人們都還認為宇宙的大小就跟銀河系一樣大。那時候大家也不知道除了銀河系還有其他星系，以為夜空中觀察到的團狀光點都是氣體和塵埃組成的星雲。一直到1910年代，天文學家斯里弗（Vesto Slipher）從觀測中懷疑仙女座「星雲」不像是在銀河系裡，之後又有勒維特（Henrietta Swan Leavitt）研究出如何計算星體之間的距離、沙普利（Harlow Shapley）推算出太陽系的位置和銀河系的實際大小，最後哈伯（Edwin Powell Hubble）關鍵的計算，證實仙女座「星雲」其實位於銀河系之外，是個獨立的「星系」，才真正確認宇宙其實比我們的銀河系大多了。

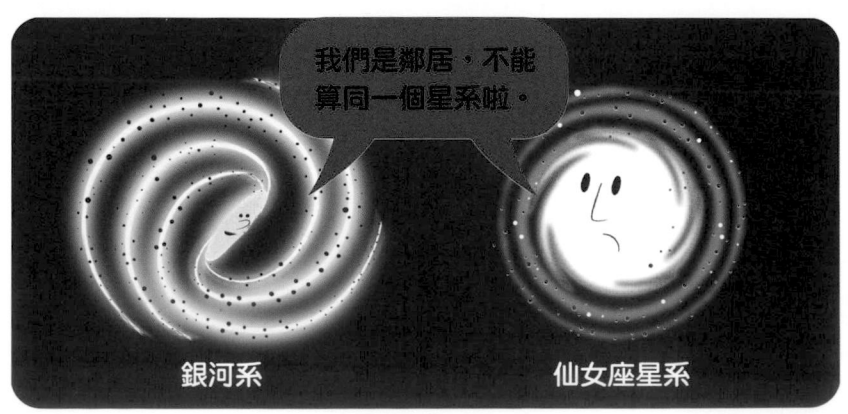

銀河系　　　　仙女座星系

如果星系大量流失氣體，沒有足夠的原料再製造新的恆星，等到原本的恆星逐漸衰老凋零，星系就會面臨死亡。

科學家觀察到星系ID2299流失將近一半的氣體，走向死亡。但規模還沒有到最大流失狀態，這是藝術家繪製的預測示意圖。

 星系有時會藉由星系合併等過程，補充所需的「養分」，接著就能重新製造恆星，讓星系「復活」。

 目前科學家對造成星系死亡的原因有幾種推論，但還沒有確定的證據。事實上，星系合併也可能造成氣體大量流失，加速星系死亡。

快來讓我起死回生～

你確定嗎，我也可能會害你喔！

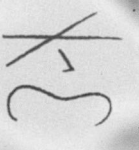

天文100問

探索浩瀚的宇宙

Q73 → Q85

雖然常常聽到「宇宙」這個詞，
卻無法直接聯想它的大小、年紀、內容和形狀。
宇宙到底是什麼，它有終點嗎？
而且，除了我們知道的宇宙，
還有其他的宇宙存在嗎？

Q73 宇宙有多老？

A 宇宙的存在大約已有138億年。

目前科學家推論，宇宙大約誕生於138億年前的大爆炸，稱為**大霹靂**。最開始，宇宙的溫度和密度都非常、非常高，經過長時間的膨脹，才變成現在的樣子。

直到現在，宇宙還一直在膨脹中喔。

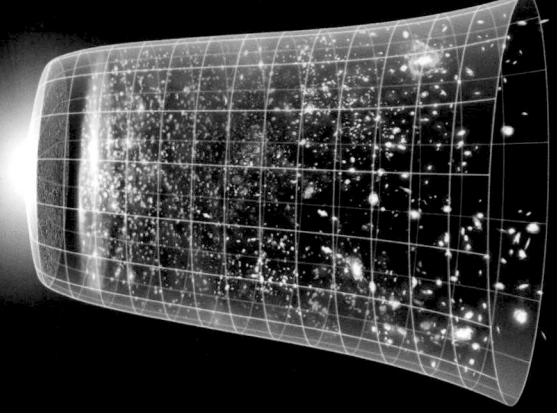

大霹靂是密度極高又極熱的亮點。

138億年前 　　　　　　　　　現今

Q74 宇宙有多大？

A 目前我們的探測能力有限，無法得知宇宙究竟多大。

我們能接收到、從最遙遠處旅行過來的光子，距離大約是460億光年。

以這個距離為半徑的範圍內，科學家稱為「可觀測宇宙」。

那我們看不到的地方，到底有什麼呢？

太陽

地球

大霹靂電漿

藝術家對可觀測宇宙的想像圖，最左邊是地球，往右依觀測距離排列，分別是太陽系的行星和太陽、其他恆星、星系、微波背景輻射和最外圍不可見的大霹靂電漿。

Q75 宇宙有邊界嗎？

A 沒有，就算我們有能力一直向外探索，也不會碰到邊界喔。

在宇宙中的我們，就像是在氣球上的螞蟻一樣，不管怎麼走，都不會走到盡頭，反而可能走回原點！我們的宇宙探索也是類似的概念，一直向前是碰不到盡頭的喔。

> 我們也找不到邊界！

> 找不到宇宙盡頭啊！

天文小實驗 　**模擬宇宙膨脹**

科學家發現宇宙中的星系幾乎都在遠離我們，而且越遙遠的星系，遠離得越快。這表示宇宙正在膨脹。我們可以做個小實驗模擬看看：

● 準備器材：氣球、兩枝不同色的麥克筆。

● 實驗步驟：

 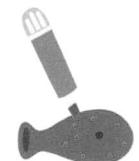 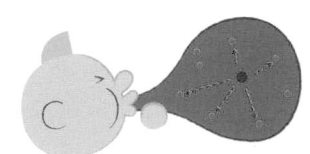

❶ 在還沒充氣的氣球上，用一枝麥克筆畫個小點，當作銀河系。

❷ 換另一種顏色的麥克筆，在氣球上隨機畫滿小點，當作其他星系。

❸ 開始吹氣球，一邊觀察小點。你會發現所有星系都在遠離銀河系。

當你吹氣時，氣球上任兩點的距離是不是都在變長？隨著宇宙膨脹，星系之間的距離被拉長，感覺像彼此互相遠離，所以宇宙（氣球表面）中是找不到膨脹中心點的！

星光為什麼不能照亮夜空？

A 因為宇宙正在膨脹，大多數的星星存在遙遠的星系，而正在急速遠離我們，星光到達不了地球。

 古代就有哲學家和天文學家提出疑問：如果天上有無限多顆星星，密密麻麻的小點應該會讓夜空很亮才對。

就算太空中有塵埃或暗雲會擋住光，但被那麼多星光照射加熱後，塵埃最終還是會發光呀！為什麼夜空不會被照亮呢？

那我就沒有機會見到你了。

地球再見～

我跑輸星星了！

 原來是因為宇宙正在膨脹，最遙遠的星系遠離我們的速度甚至比光速還快，發出的星光無法傳到地球。

因為能到達地球的星光不是跟想像中一樣是無限的，夜空才會像現在這樣黑暗，只能看到一些較亮的星體。

Q77 太空有聲音嗎？

A 在太空中是聽不見聲音的，但是我們可以把宇宙中的電波轉換成聲音。

太空中沒有聲音啊！

哇，我在地球上反而「聽見」了。

聲音需要有物質當媒介，例如水或空氣，來傳遞聲波。宇宙大部分的地方都很空曠，物質密度非常低，接近真空，所以在太空中是非常安靜、聽不到聲音的。

但是宇宙中有不需靠介質傳播的電磁波，我們可以捕捉這些電磁波進行研究，並將它們轉換成聲波，就能聽見不同的宇宙聲響。像大霹靂後殘留的宇宙背景輻射，就是被電波捕捉到，人們聽到雜訊聲才發現的喔。

Q78 宇宙有味道嗎？

A 宇宙中有多采多姿的化學分子，可以產生不同的味道。

平時我們聞到的各種味道，是因為不同的**化學分子**對我們的嗅覺產生刺激，例如蘋果、香蕉等水果香，都是來自芳香類化合物的氣味。

譬如說，科學家在銀河系中心的塵埃雲，發現了化學分子「**甲酸乙酯**」，代表這些塵埃會有樹莓及萊姆酒的味道。

宇宙中的化學分子非常豐富，混合了各種奇特的味道。有人形容，如果能在星系中到處「嚐鮮」，就會像喝雞尾酒一樣！

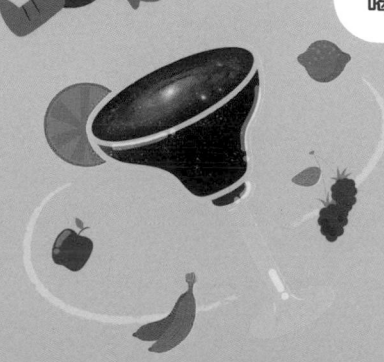

Q79 宇宙是什麼形狀的？

A 許多科學家傾向認為宇宙是平的。

古中國文獻曾提到：「上下四方曰宇，古往今來曰宙」，也就是說，宇宙是空間跟時間結合起來的意思。

現在科學家也推論出，宇宙其實是**四維度的時間加空間**。我們平常生活的立體空間是三維度，很難直覺想出宇宙的形狀。讓我們換個方式來想像吧！

首先，先想像你面前有兩隻螞蟻，那就是我們的光線在宇宙中行進的樣子。現在，兩隻螞蟻在一個面上，朝平行的方向同時出發，分別沿著直線往前爬行。

平坦的宇宙	開放的宇宙	封閉的宇宙
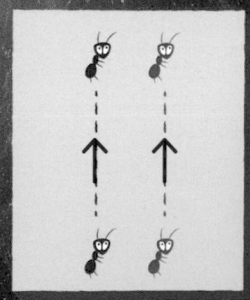	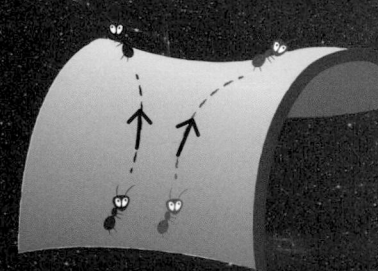	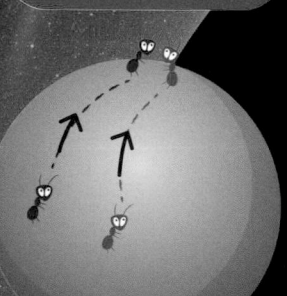
假如兩隻螞蟻的路線是平行線，永遠不會相交。代表它們經過的地方是平坦的。	如果螞蟻越離越遠，這表示牠們行經的面是馬鞍狀的開口曲面。	假如兩隻螞蟻最後會逐漸靠近，相交於某一點。代表牠們在封閉的球面上前進。

科學家推論，宇宙有以上這些可能的形狀，目前還沒有確定的答案。不過現在有許多研究傾向認為宇宙剛好是平的。

Q80 科學家怎麼研究宇宙？

A 通常需要透過望遠鏡、探測器取得觀察數據，並加以計算、推論。

 宇宙很大，起初人們還到不了太空，都是利用雙眼、光學望遠鏡與建造天文臺研究星體。而這些設備越來越進步，甚至還有能接收紅外線、無線電波的望遠鏡。

阿塔卡瑪大型毫米及次毫米波陣列（ALMA）是目前全球最大的電波望遠鏡，位於海拔高度超過5000公尺的智利阿塔卡瑪沙漠，是由包括臺灣在內的二十多國共同參與的大型國際合作研究計畫。

 太空科技發展後，人們發射**太空望遠鏡**從地球外觀察，就可以不受大氣層干擾來觀察星體、接收電磁波訊號。

1990年升空，已經超過30歲的哈伯太空望遠鏡（Hubble Space Telescope），為我們拍下許多寶貴的照片。像這張就是它連日拍攝同一位置，而得來的超深空美景。

科學家也向宇宙發射**太空探測器**，安排不同的太空任務，讓它們代替人類去到遙遠的地方觀測。

1973年升空、在太陽系航行的先鋒11號（Pioneer 11），曾為人類拍下第一張土星特寫照片。

有了觀測數據，還需要靠科學家們計算、推論，這些觀察才會有意義，帶我們更了解宇宙中的大小事。

Q81 宇宙裡面到底有什麼？

 **A** 其實目前宇宙中，有95%都是我們不了解的東西。

在宇宙中，只有5%是我們已經知道的一般物質。其他都是我們還不明白的暗能量與暗物質。

原來宇宙中大部分的東西我們都還很陌生！

一般物質
5%

暗物質
27%

暗能量
68%

Q82 什麼是暗物質？

 **A** 是宇宙中存在，但我們還不明白的物質，它的重力效應非常重要。

 科學家發現星系中存在著某種物質，會影響星體的重力，由於還不了解那是什麼，將它稱為「**暗物質**」。暗物質比一般物質還要多五倍，影響宇宙中各種構造，不容忽視。

目前還是沒有人知道暗物質到底是什麼，有些人推測可能是由某種新粒子組成，也有人認為可能是由黑洞構成。

 右圖是**子彈星系團**，其中粉紅色區域是一般物質聚集的地方。科學家測量星系的重力時，卻發現大部分質量竟然不是在粉紅色區塊，反而集中在藍色區塊，顯然那裡有大量「未知的物質」。

Q83　什麼是暗能量？

A 暗能量是推動宇宙加速膨脹的一種未知能量。

近年來，科學家發現宇宙不只在膨脹，而且在**加速膨脹**，膨脹得越來越快，星系間離得越來越遠。問題來了，是誰讓宇宙加速膨脹呢？

重力應該是把物質向內聚集，並不會向外推出去。需要有種與重力抗衡的力量，把所有東西向外推，才會造成宇宙加速膨脹。我們仍然不清楚這是什麼，所以說是有種「**暗能量**」在作用。

我們的星系怎麼跟隔壁星系變遠了？

鄰居再見～

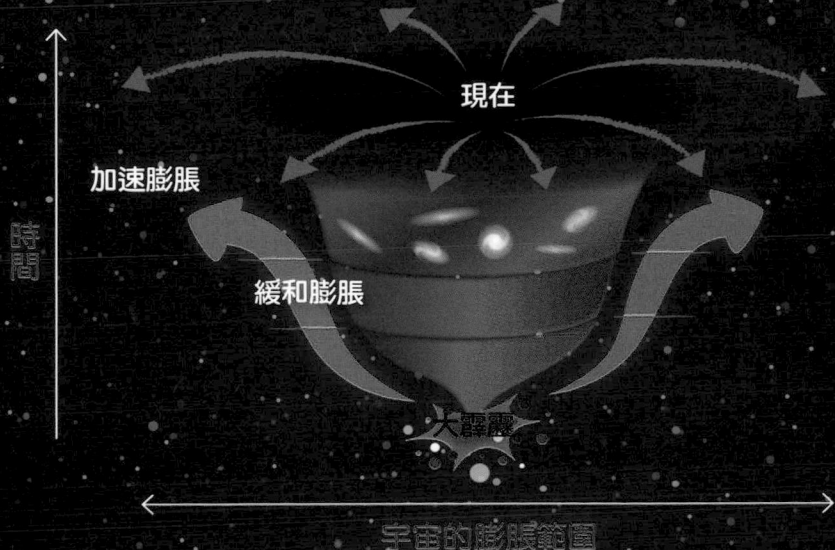

現在

加速膨脹

時間

緩和膨脹

大霹靂

宇宙的膨脹範圍

科學家發現，早期宇宙的某個時期，膨脹速度保持平緩，結果在 75 億年前開始加速膨脹了，便推論出暗能量的存在。

Q84 有別的宇宙存在嗎？

A 科學家提出了各種多重宇宙的說法，
不過都尚未證實。

我們通常說的宇宙其實是指「**可觀測的宇宙**」，問題是其他看不到的地方，還有沒有別的宇宙存在呢？科學家提出了各種**多重宇宙**的理論，不過都只在理論階段，還沒有辦法證實。例如：

泡沫宇宙

宇宙不斷急遽膨脹的過程，就像是吹泡泡一樣，這個理論認為也許還有其他泡沫存在，形成許多不同的泡沫宇宙。我們的宇宙可能只是其中一個泡沫，各個泡沫宇宙中可能還有不同的物理定律。

膜宇宙

這個理論認為，我們的宇宙位在一個更高維度的空間裡面，就像一張「膜」漂浮在「體」空間裡面。這個「體」空間內不只有我們居住的「膜」，還有其他的「膜」宇宙存在，如果靠得夠近，可能還會互相影響。

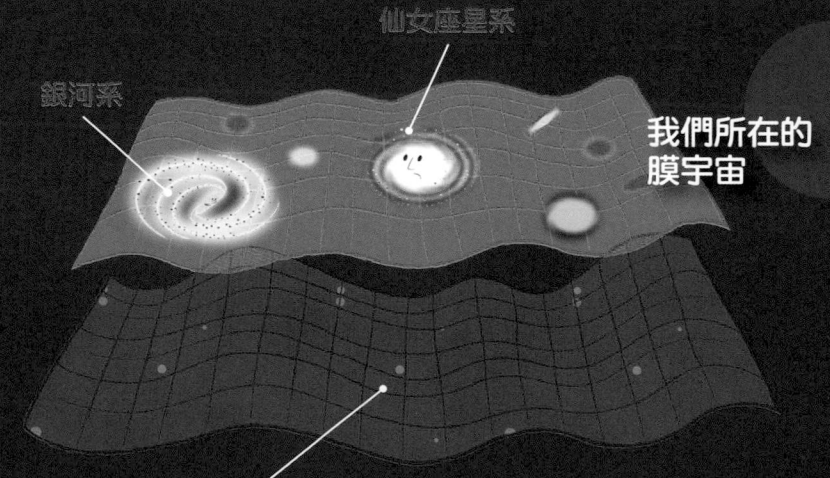

仙女座星系

銀河系

我們所在的
膜宇宙

其他的膜宇宙

目前這些理論都是數學模型的推論，還無法有客觀的實驗證明。未來也許這些理論能夠互相結合，也可能會出現新的理論。

Q85 宇宙最後會死掉嗎？

A 目前科學家還不確定宇宙最終的命運會怎樣。

 宇宙的最後結局還是未知的謎，目前科學家有不同的推論：

1 假如宇宙一直無止盡膨脹下去，最後所有東西都會離得非常遙遠，一切變得寒冷、孤獨。最終的命運可能是大凍結，甚至發生大撕裂，所有物質都被扯碎、分裂開來。

假如宇宙膨脹適可而止，仍然有可能在特定大小維持下去，那就不會出現大凍結、大擠壓等毀滅性的結局。

2 宇宙另一種可能命運是大擠壓，也就是膨脹到一定程度之後，反過來往回收縮，重新回到大霹靂剛開始、非常熱的狀態。也有人認為，宇宙演化其實是不斷週期性的大霹靂和大擠壓。宇宙大擠壓後會再次發生大反彈，進入下一輪的大霹靂，再次膨脹出去。

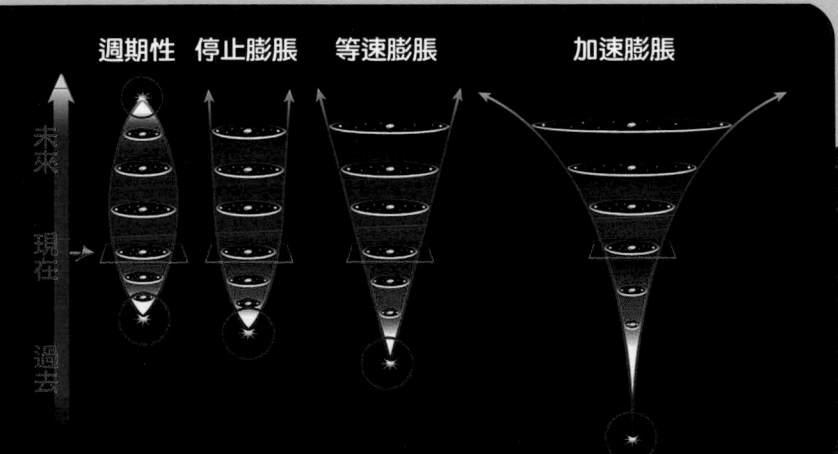

週期性　停止膨脹　等速膨脹　加速膨脹

未來　現在　過去

這是4種宇宙發展推論模型。圈起來的亮點代表大霹靂。右側兩圖都是持續膨脹型。各推論模型中，宇宙初始大霹靂的時間，距離現在都不一樣，也可以說宇宙在各理論中，年齡都不同喔。

天文100問

出發吧！航向未來

Q86 → Q100

太空科技發展至今，已經有太空船離開了太陽系。
多年來，科學家們也努力尋找外星生命的存在。
其實，這些看似距離遙遠的探索，
推動了許多科學發現與發展，並回饋到我們的日常中，
甚至還在持續進步，為人類拓展更開闊的視野和可能！

Q86 在宇宙中不穿太空衣會怎樣？

A 人的身體會膨脹、過冷與缺氧，無法維持正常功能。

 太空中沒有大氣壓力，要是沒有太空衣維持氣壓平衡，體內的氣體就會向外迅速膨脹，身體會像吹氣球一樣被撐開。

太空衣還供給人體所需的氧氣，在宇宙中不穿太空衣的話，腦部缺氧15秒後就會失去意識，幾分鐘後各個器官就會因缺氧而停止運作。

 如果沒有太空衣的保護，就會直接暴露在寒冷的太空中，體溫逐漸下降。

1966年的太空衣（左），與藝術家描繪現今改良的太空衣模擬任務圖（下）。如今的太空衣較輕巧、活動度高，可以蹲下抓握器具，也可以行走，不像以前只能大步跳躍。

有些太空衣由高達16層材質構成，每層各有不同功能，有的是用來保存氧氣，有的是用來阻擋宇宙中的灰塵。

頭盔面罩覆著一層黃金薄膜，能抵擋強烈的太陽輻射。

這個背包能提供太空人在執行艙外任務的電力、裝備冷卻和空氣循環系統，可以排出二氧化碳，還有無線通訊設備。

Q87　可以把垃圾丟到太空嗎？

A　易失敗又昂貴，
目前來說並不合適。

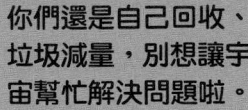
你們還是自己回收、
垃圾減量，別想讓宇
宙幫忙解決問題啦。

用火箭把垃圾帶到遙遠太空，
有一定的發射失敗機率，這樣
廢棄物很可能落在大氣層內，
造成危害。如果廢棄物中包含
有毒物質，那更是危險了。

要是火箭飛得不夠
遠，也可能停留在
地球軌道，變成太
空垃圾的一部分。

即使不顧發射失敗的危
險，把垃圾送上太空的
價格還是太昂貴了。據
估計，若要把1公斤物品
送上太空，所需費用大
約是新臺幣60萬元！

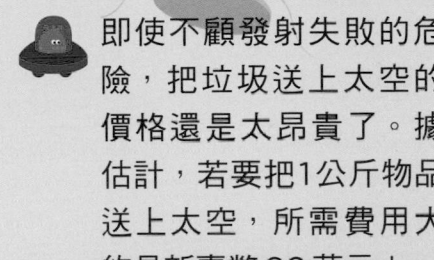

Q88　什麼是太空垃圾？

A　是滯留在地球軌道的停用衛星、
太空飛行器零件等廢棄物。

目前有許多廢棄的衛星、儀器火箭、
發射碎片與太空人遺落的工具還留在
地球軌道，已累積成為數萬件的**太空
垃圾**。不但可能撞上運作中的衛星、
也可能掉落到地表而造成危害。

美俄等國家現今建立監測網
路，追蹤大型的太空垃圾動向
以避免碰撞。專家學者也在研
發衛星回收的技術，未來可能
會設置專門的「回收站」。

Q89　地球以外有生命存在嗎？

 **A** 可惜的是，目前尚未找到。

 天文學家還在持續尋找地球以外的生命。先前有人宣稱火星上找到生命的跡象，但證據不足。

 這冰層厚度超過10公里，好難鑽開！

木衛二歐羅巴

 木星其中一顆衛星「歐羅巴」（Europa）是目前較有希望的探索點。在它表面的冰層之下，很可能有地下海，因此科學家認為有機會存在著生命。

Q90　要怎麼尋找外星生命呢？

A 探索、找尋與地球類似的天體，或等待外星文明傳來的訊號。

1 有三種方法，一是進行太空探測任務，例如把太空船開到木衛二歐羅巴探索。

2 利用天文望遠鏡，尋找條件和地球相似的太陽系天體或系外行星，分析天體上是否有生命相關的化學組成。

3 接受外來的電波訊號。人們推測高等文明生物能夠產生特定非自然訊號，因此有些探測計畫持續接收、分析電波，等待外星高等文明傳出訊息。

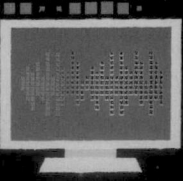
 這段訊號是說：「OXOX星球超好玩！」

Q91 怎樣的行星可能有生命存在呢？

A 它應該要有液態水存在，最好大小質量與地球相近。

 目前科學家發現的太陽系外行星已超過4000顆。行星需有液態水，較有可能孕育生命。因此行星和恆星的距離要剛好、位在溫度適中的**適居帶**才行，太遠或太近的話，水會結冰或蒸發。

 行星的大小質量最好也跟地球相近，這代表它的重力會跟地球類似，形成的大氣層厚度也較相像。

 地球

 克卜勒1649c

行星克卜勒1649c（Kepler-1649c），半徑是地球的1.06倍，接收到的陽光大約是地球的75%，是科學家認為有可能存在生命的行星之一。

 天文小故事

肉眼看不到，但是小型的天文望遠鏡可以找到「麗-水沙連」。

臺灣專屬的系外行星

宇宙天體的命名通常由國際天文聯合會（IAU）判定、認可。不過在2019年，IAU為了慶祝100週年，開放給世界各會員國，各自為一個行星系統票選命名。在這個活動中，臺灣將獅子座的系外行星HD100655b 命名為「水沙連」（Sazum），意涵是邵族的傳統生活區域，也是日月潭所在地。它的母恆星HD100655，則命名為「麗」，英文名為 Formosa（福爾摩沙）。

Q92 我們接收過外星人傳來的訊息嗎？

A 曾收過不尋常的訊號，
但無法確認為外星人的訊息。

1977 年美國的大耳朵電波望遠鏡，曾經在掃描天空時接收到一段約一分多鐘的窄頻訊號。

紀錄中的訊號強度以數字和英文字母表示，由弱到強依次為1到9、接著是字母 A、B……當時的天文學家發現有個訊號，竟然強達字母等級，就圈起來註記為驚嘆的「Wow！」。

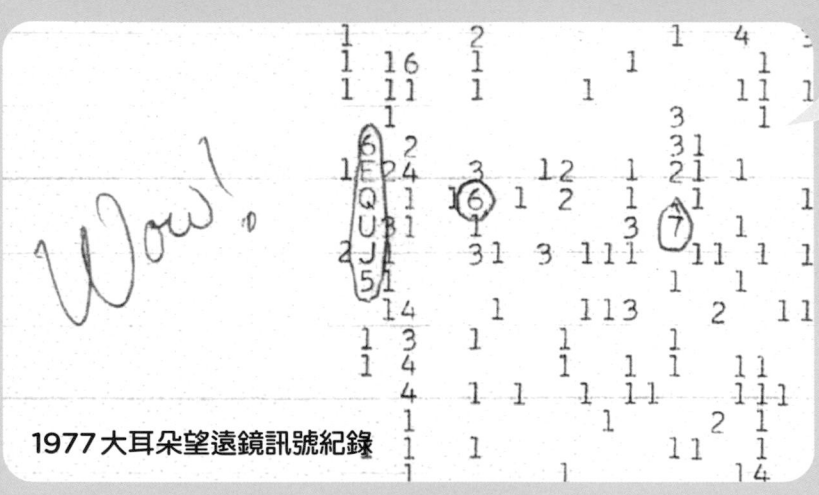

1977 大耳朵望遠鏡訊號紀錄

但之後即使將望遠鏡對準相同的天區，卻再也沒有收到類似訊號，無法確認及解釋訊號的來源。時至今日，我們仍未收過明確的外星文明訊息。

Q93 為什麼要登陸彗星？

A 為了尋找關於地球生命起源的線索。

有假說認為，太陽系形成時，彗星就已經攜帶一些有機分子，並且將這些分子帶到地球，最終促成地球上生命的誕生。

因此，科學家們派出羅賽塔號（Rosetta）花了10年前往彗星採集樣本。結果在 2014 年登陸時，發現彗星有將近一半的質量都由有機分子構成，其中含有**甘胺酸**，這是構成人體中蛋白質的常見分子。

噢不，據說彗星 67P 聞起來像發臭的蛋！

羅賽塔號登陸彗星 67P 之前，為這顆彗星拍下的照片。

Q94 太空站是用來做什麼的？

A 是在太空中的科學研究室，
可讓太空人短期暫居。

 太空站是運行在地球衛星軌道的飛行船。
它具有的重力很微小，可讓太空人暫居在
上面，進行太空環境的實驗研究。

目前還在運作中的太空站
有1998年發射的國際太
空站（ISS），以及2021
年發射的天宮號太空站。

國際太空站

國際太空站跟一座足球場差不多大，重量超過300輛汽車，站
內空間可讓7位太空人同時居住。它的艙體和組件是由不同國家
接力合作，送上太空後才拼裝而成。

 太空人通常都會在國際
太空站待上數個月。必
須克服長時間待在空間
狹小的艙內造成的心理
不適，並適應重力、頭
部血壓升高等狀況，進
行生物、地質、物理與
材料科學等研究任務。

Q95 可以在太空中種菜嗎？

 **目前已成功種出生菜和百日菊等植物。**

 太空人如果一直吃加工保存的太空食物，味道和營養都不太好。因此才開啟在太空站種菜的計畫。

太空人種出的菜，除了會自己吃掉，也會將部分收成送回地球研究。

太空人種植的百日菊。

雖然太空中沒有重力，不能直接澆水，需要設計特殊的給水裝置，以及用特定波長的LED燈來照明。但目前已經成功在國際太空站中種出生菜和百日菊等，未來還計畫實驗種植番茄和辣椒。

Q96 有沒有繞著兩顆太陽的行星？

 **科學家已觀測到超過10組雙恆星的行星系統。**

 原本人們認為雙星行星系統不穩定，只出現在科幻作品如《星際大戰》中。但從2011年起，現已退役的克卜勒太空望遠鏡和接手的凌日系外行星巡天衛星TESS，已找到10組以上繞著兩顆太陽的行星系統。

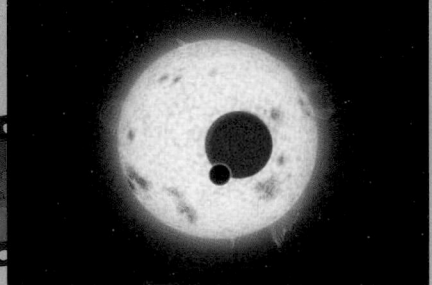

克卜勒16（Kepler-16）雙星行星系統模擬畫，黑圓點是行星。

 其實，科學家們也觀察到在三星、甚至四星系統中可能有行星。也許精彩的科幻故事正在宇宙中實際上演。

HD 98800四星系統模擬畫

Q97 人類發射的太空船，最遠到哪裡了？

A 航行最遠的太空船，目前已離開太陽系。

 自1977年發射的航海家1號（Voyager 1）和航海家2號（Voyager 2），是現今離地球最遠的太空船。兩艘太空船已從不同方向離開太陽系，探索未知的星際空間。

航海家1號已離地球約230億公里遠！

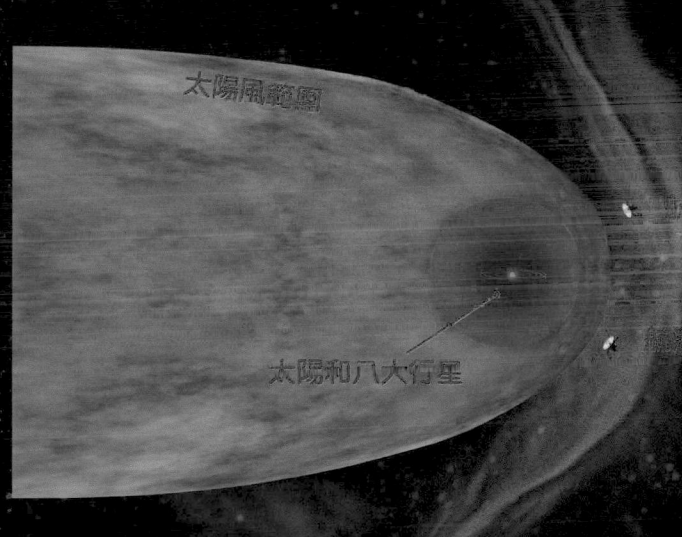

太陽風範圍

太陽和八大行星

航海家1號

航海家2號

航海家傳回來的數據，讓人們第一次可以從我們的太陽系家園外，觀察太陽和宇宙。科學家因此發現，宇宙中的高能量粒子射線破壞力極強，是太陽風保護了我們。

航海家1號和2號目前的位置和狀況，可以在NASA網站專頁查詢：
voyager.jpl.nasa.gov/mission/status

兩艘航海家太空船原先任務是探索土星和木星，在任務完成後繼續向外航行。除此之外，它們還各載著一張黃金唱片，內容帶有人類訊息，期待在非常、非常遙遠的未來，能被其他外星文明接收到。

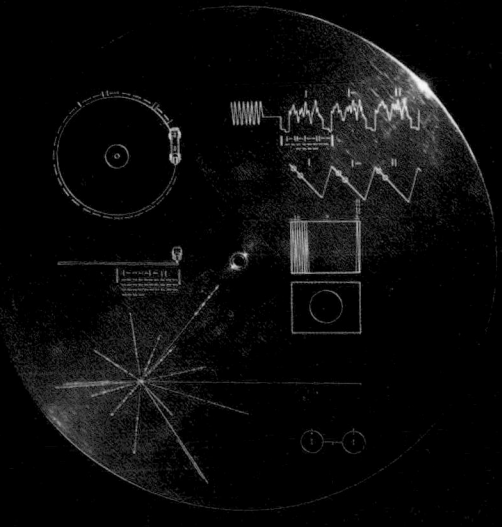

航海家黃金唱片中錄有地球自然界聲響、音樂與55種語言的問候語等音訊，並含有115張照片檔案。

Q98　一般人可能去太空旅行嗎？

A　已有人進行過太空旅行，但是價格昂貴。

商業太空旅行已經成真，原本旅行的金額非常高。在2001到2009年間，俄羅斯太空船飛到國際太空站的任務，會留一個座位給自費的太空旅客，每趟旅費至少要兩千萬美金。

近日英美幾間太空公司正在研發較平價的太空旅行，最快2021年底可實行。其中維珍銀河（Virgin Galactic）公司預計將旅費定為25萬美金。

想上太空，先把身體鍛鍊好準沒錯！

Q99　時空旅行有可能嗎？

A　依照目前人類的的科學發現與科技，短期內都不太可能。

看來時光機只能在幻想作品裡出現了！

根據理論，需要超越光速才可能回到過去。然而，目前的科技達不到光速的千分之一。

而且一般的物理情境，也不允許任何東西超越光速。只有一些特殊的時空結構，可以達成時空旅行，例如蟲洞。但是目前沒有人真的找到蟲洞，仍然只是理論猜想。

研究那麼遠的天體，對人類有什麼幫助？

A 可以讓我們更了解地球，並且推進科學研究和科技發展。

 從人們抬頭看星星開始，一直到現在的天文研究。人類對世界的認識一直在進步，同時也改變了我們的生活。最基礎的例子，就是對太陽與月相的了解，影響著我們的時間曆法。

太空科技和天文觀測投資時間和費用都很驚人，避免關鍵時刻出錯，要求的精準度非常高。因此常常成為科技發展前端。

阿波羅登月任務改良了石英鐘準度、並研發出耐高溫的織品材質。

現在全球的遠距通訊和定位系統都仰賴衛星技術。

強調精準的天文觀測，也帶動了醫學檢測技術的大幅進展。

研究天體和遙遠的天文現象，能讓我們了解宇宙的過去、地球本身甚至生命的形成。有時候只要一點線索，就能改變我們觀察世界的方式。

 接下來，科學家還會解開更多關於人類與宇宙的謎題，這些研究往往是不分你我的跨國大型合作，也許未來你也能找到新的宇宙線索！

直擊！你所不知道的天文觀測！

你已經了解許多關於星空和宇宙的大小事。在這裡有更多觀測相關的小知識想告訴你，讓你觀察星空時能想得更廣、收穫更多！

古今觀測差不多？!

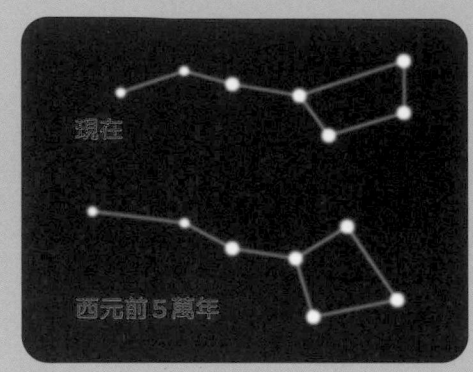

恆星在天上的位置在人類歷史中幾乎是一樣的：除了行星外，大部分的星星都離我們好遠好遠，所以即使移動了一點點，我們也看不出來。例如圖中的北斗七星5萬多年來，形狀稍微有點改變，但肉眼不容易察覺。

古今北極星可能不是同一顆：為了方便辨識，我們把最靠近天北極的星星稱為北極星。但地球的自轉軸並不是正對著北極點不動，而是像陀螺一樣繞著北極點附近的一個小圈圈在轉，最靠近那個圈圈的亮星都可能變成北極星。轉一圈大概要25000年，天文學家稱這種現象為「歲差」。

好像在跑大隊接力喔！現在的北極星是小熊座最亮星（勾陳一），而3000年前的北極星則是小熊座第二亮星（北極二）。再過12000年後，北極星會交棒給織女星呢！

觀測星空小提醒

如何判斷北極星的高度：你可以先利用第70和73頁的方法找到北極星，確定東西南北的方向。然後面向北極星，把手握拳伸直舉到與視線平視，再疊另一手的拳頭，看看北極星大約幾個拳頭高，一個拳頭高度約10度，就知道北極星的仰角，也是當地的緯度。

在臺灣的話，北極星差不多是2.5個拳頭高度。

過去近幾年的年鑑也查得到！

天文年鑑很好用：臺北市立天文館每年都會出版天文年鑑。不僅可看到每月星座圖、日月與行星每天升落的時間和方位，甚至還有日月食和流星雨預報表。每年初可以先到天文館的網頁查看，不要錯過重要天象囉！

天文學家的觀測生活

- **觀測站好偏遠：**研究用的大望遠鏡都希望放在沒有光害、天氣很好不太會下雨的地方。這樣才能看到很暗的天體，而且能觀測的天數較長。所以都是在很偏僻荒涼的地方，例如沙漠或高山上。天文學家要前往這些地點作研究，往往要轉好幾次班機，舟車勞頓。不僅得留意高山症，冬天去極地也得小心保暖。

夏威夷毛納基山（Mauna Kea），海拔4200公尺的觀測站

在極地遇到永夜，長期的黑夜也會令人憂鬱。

- **日夜顛倒的作息：**雖然適合不同類型波長的電磁波觀測時間不盡相同，大多數的觀測還是得在夜晚進行，所以前往望遠鏡天文臺做研究時，天文學家通常在傍晚吃完晚餐後就要趕緊觀測，一直到隔天一早才能休息。幸好現在能從遠端控制望遠鏡，不用每次都親自到當地觀測。而且目前許多大型天文臺都有專門的技術人員，天文學家提出觀測需求後，他們會協助完成觀測，把數據寄給天文學家。

不用一直值夜班了！

謝謝辛苦的天文學家們共同努力！

格陵蘭望遠鏡

- **臺灣參與建造：**臺灣團隊參與的天文計畫遍布世界各地，其中也包括一些望遠鏡的建造與維護，例如阿塔卡瑪大型毫米及次毫米波陣列望遠鏡（ALMA）、次毫米波陣列（SMA）和格陵蘭望遠鏡（GLT）等等，都有臺灣團隊參與其中的建造與維護。

常見的美麗星象照片，其實不是望遠鏡直接看到的景象，必須經過後製，才能這麼清晰喔！

- **星座盤不是每個都一樣：**南北半球能看的星星就不太相同，而不同緯度能觀察的天區也有差異。所以使用星座盤時，要留意上面標記的適用緯度範圍。

現在也可以利用手機App對照星空喔。

- **該買怎樣的望遠鏡：**天文望遠鏡通常口徑越大，集光力越強，放大倍率越大，但往往也越笨重且價格昂貴。假如你是初學者，希望目視觀賞清楚的星空，不妨先從雙筒望遠鏡下手。如果要做更進階的觀察、攝影，設備可能會昂貴許多。望遠鏡的種類很多，選購前一定要審慎評估功能，多詢問儀器商家，考量預算及便利性，以免花大錢划不來喔！

本書與十二年國民基本教育課綱學習內容對應表

天文是自古以來，人們最熟悉的科學領域之一。從觀測、推論，至生活應用，都與數學、物理、化學，以及地球科學等自然科目息息相關，並具備眾多跨領域知識的整合。期待孩子能將本書內容應用於生活中，並與學校課程相互配搭，必可收穫滿滿的探究樂趣。

國民小學教育階段中年級（3～4年級）

課綱主題	跨科概念	能力指標編碼及主要內容	本書對應內容
自然界的組成與特性	物質與能量（INa）	INa-Ⅱ-6　太陽是地球能量的主要來源，提供生物的生長需要，能量可以各種形式呈現。	太陽能量來源：P13
		INa-Ⅱ-7　生物需要能量（養分）、陽光、空氣、水和土壤，維持生命、生長與活動。	火星生命探測：P32 模擬火星種植實驗：P33 地球存在生命原因：P42 系外行星生命探索：P105
	系統與尺度（INc）	INc-Ⅱ-2　生活中常見的測量單位與度量。	天文單位：P14 光年與光速：P63 視星等與絕對星等：P67
		INc-Ⅱ-7　利用適當的工具觀察不同大小、距離位置的物體。	星座盤與望遠鏡：P113
		INc-Ⅱ-10　天空中天體有東升西落的現象，月亮有盈虧的變化，星星則是有些亮有些暗。	星星東升西落：P69 月相盈虧：P50 月升時間：P52
自然界的現象、規律及作用	改變與穩定（INd）	INd-Ⅱ-2　物質或自然現象的改變情形，可以運用測量的工具和方法得知。	行星觀測：P26 尋找北極星：P70、P73 黑洞觀測：P76～77 宇宙觀測：P95 觀星仰角：P112
	交互作用（INe）	INe-Ⅱ-4　常見食物的酸鹼性有時可利用氣味、觸覺、味覺簡單區分，花卉、菜葉會因接觸到酸鹼而改變顏色。	宇宙的味道：P93
		INe-Ⅱ-5　生活周遭有各種的聲音；物體振動會產生聲音，聲音可以透過固體、液體、氣體傳播。不同的動物會發出不同的聲音，並且作為溝通的方式。	太空中是否有聲音：P93
		INe-Ⅱ-6　光線以直線前進，反射時有一定的方向。	月亮反射陽光：P49 月相盈虧：P50 紅色月亮：P57
自然界的永續發展	科學與生活（INf）	INf-Ⅱ-1　日常生活中常見的科技產品。	太空衣：P102 與太空有關的生活科技：P111
		INf-Ⅱ-3　自然的規律與變化對生活應用與美感的啟發。	月相與農曆：P50
		INf-Ⅱ-4　季節的變化與人類生活的關係。	地球自轉軸傾斜：P14
		INf-Ⅱ-5　人類活動對環境造成影響。	太空垃圾：P103

國民小學教育階段高年級（5~6年級）

課綱主題	跨科概念	能力指標編碼及主要內容	本書對應內容
自然界的組成與特性	物質與能量（INa）	INa-Ⅲ-4　空氣由各種不同氣體所組成，空氣具有熱脹冷縮的性質。氣體無一定的形狀與體積。	八大行星大氣介紹：P22～25
		INa-Ⅲ-5　不同形式的能量可以相互轉換，但總量不變。	核融合：P13
	系統與尺度（INc）	INc-Ⅲ-1　生活及探究中常用的測量工具和方法。	行星觀測：P26 尋找北極星：P70、P73 黑洞觀測：P76～77 宇宙觀測：P95 觀星仰角：P112 星座盤與望遠鏡：P113

自然界的組成與特性	系統與尺度（INc）	INc-Ⅲ-2　自然界或生活中有趣的最大或最小的事物（量），事物大小宜用適當的單位來表示。	天文單位：P14　光年與光速：P63 視星等與絕對星等：P67
		INc-Ⅲ-13　日出日落時間與位置，在不同季節會不同。	地球自轉軸傾斜：P14 其他行星季節變化：P29
		INc-Ⅲ-14　四季星空會有所不同。	四季星空：P72～73
		INc-Ⅲ-15　除了地球外，還有其他行星環繞著太陽運行。	八大行星：P20～34
自然界的現象、規律及作用	改變與穩定（INd）	INd-Ⅲ-3　地球上的物體（含生物和非生物）均會受地球引力的作用，地球對物體的引力就是物體的重量。	流星：P36 月球公轉：P48
	交互作用（INe）	INe-Ⅲ-7　陽光是由不同色光組成。	海洋天空顏色：P43 紅色月亮：P57　星星色光：P69
		INe-Ⅲ-8　光會有折射現象，放大鏡可聚光和成像。	望遠鏡：P113
		INe-Ⅲ-9　地球有磁場，會使指北針指向固定方向。	地球磁場與太陽風：P18、42
自然界的永續發展	科學與生活（INf）	INf-Ⅲ-1　世界與本地不同性別科學家的事蹟與貢獻。	日地距離與日心說：P15 發現天王星與海王星：P26 宇宙大小推算：P86
		INf-Ⅲ-2　科技在生活中的應用與對環境與人體的影響。	與太空有關的生活科技：P111
		INf-Ⅲ-4　人類日常生活中所依賴的經濟動植物及栽培養殖的方法。	模擬火星種植實驗：P33 太空中種菜：P108
	資源與永續性（INg）	INg-Ⅲ-1　自然景觀和環境一旦被改變或破壞，極難恢復。	太空垃圾：P103

國民中學教育階段（7～9年級）

主題	次主題	能力指標編碼及主要內容	本書對應內容
物質系統（E）	自然界的尺度與單位（Ea）	Ea-Ⅳ-2　以適當的尺度量測或推估物理量，例如：奈米到光年、毫克到公噸、毫升到立方公尺等。	天文單位：P14　光年與光速：P63 視星等與絕對星等：P67
	力與運動（Eb）	Eb-Ⅳ-3　平衡的物體所受合力為零且合力矩為零。	月球公轉：P48
		Eb-Ⅳ-13　對於每一作用力都有一個大小相等、方向相反的反作用力。	離心力實驗：P48
	宇宙與天體（Ed）	Ed-Ⅳ-1　星系是組成宇宙的基本單位。	星系：P82
		Ed-Ⅳ-2　我們所在的星系，稱為銀河系，主要是由恆星所組成；太陽是銀河系的成員之一。	銀河系：P83
地球環境（F）	組成地球的物質（Fa）	Fa-Ⅳ-3　大氣的主要成分為氮氣和氧氣，並含有水氣、二氧化碳等變動氣體。	地球介紹：P23
	地球與太空（Fb）	Fb-Ⅳ-1　太陽系由太陽和行星組成，行星均繞太陽公轉。	太陽系：P20
		Fb-Ⅳ-2　類地行星的環境差異極大。	類地行星：P22～23
		Fb-Ⅳ-3　月球繞地球公轉；日、月、地在同一直線上會發生日月食。	月球公轉：P48 日食：P54　月食：P56
		Fb-Ⅳ-4　月相變化具有規律性。	月相盈虧：P50
變動的地球（I）	晝夜與季節（Id）	Id-Ⅳ-3　地球的四季主要是因為地球自轉軸傾斜於地球公轉軌道面而造成。	地球自轉軸傾斜：P14 其他行星季節變化：P29
自然界的現象與交互作用（K）	波動、光及聲音（Ka）	Ka-Ⅳ-3　介質的種類、狀態、密度及溫度等因素會影響聲音傳播的速率。	太空中是否有聲音：P93
		Ka-Ⅳ-6　由針孔成像、影子實驗驗證與說明光的直進性。	針孔投影：P55
		Ka-Ⅳ-7　光速的大小和影響光速的因素。	光年與光速：P63
		Ka-Ⅳ-10　陽光經過三稜鏡可以分散成各種色光。	色光：P43
	萬有引力（Kb）	Kb-Ⅳ-2　帶質量的兩物體之間有重力，例如：萬有引力，此力大小與兩物體各自的質量成正比、與物體間距離的平方成反比。	潮汐：P41　月球重力：P43 月球公轉：P48　暗物質：P96
科學、科技、社會及人文（M）	科學、技術及社會的互動關係（Ma）	Ma-Ⅳ-3　不同的材料對生活及社會的影響。	與太空有關的生活科技：P111
	科學發展的歷史（Mb）	Mb-Ⅳ-2　科學史上重要發現的過程，以及不同性別、背景、族群者於其中的貢獻。	日地距離與日心說：P15 發現天王星與海王星：P26 宇宙大小推算：P86

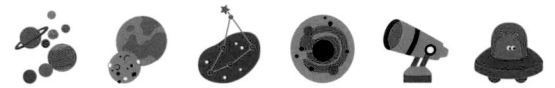

參考資料

書籍

蘇宜（2008）。天文學新概論。麗文文化。

Freedman, R. A., Geller, R. M., & Kaufmann, W. J. (2011). Universe. W.H. Freeman and Company.

網站

天文趣趣問 ● http://outreach.asiaa.sinica.edu.tw/askanastronomer/

探索宇宙生命 ● http://outreach.asiaa.sinica.edu.tw/etlife/index/

天聞季報 ● https://sites.google.com/a/asiaa.sinica.edu.tw/iaaq-on-web/

臺北市立天文科學教育館　網路天文館 ● https://www.tam.museum/astronomy/

中央氣象局數位科普網天文專區 ● https://edu.cwb.gov.tw/PopularScience/index.php/astronomy

美國太空天氣預報中心 ● https://www.swpc.noaa.gov

哈伯太空望遠鏡 ● https://hubblesite.org/

美國太空總署系外行星搜尋計畫 ● https://exoplanets.nasa.gov/

航海家太空計畫 ● https://voyager.jpl.nasa.gov/

美國國家航空暨太空總署 ● https://www.nasa.gov/

歐洲南方天文臺 ● https://www.eso.org/public/

本書圖照來源

Shutterstock ● P16太陽黑子、P16-17背景、P18、P19太陽風暴、P20-21背景、P21八大行星（下）、P22-25背景與行星相關照片、P27背景、P28矮行星與背景、P31背景、P33火星地表與阿卡塔瑪沙漠、P34背景、P35彗星結構、P36背景、P37背景、P40背景與地球、P42背景、P43背景與三稜鏡、P44-45背景、P44恐龍與小行星撞擊、P48背景與地球、P49背景與月球表面、P50背景與月相、P53背景與月球、P54日食變化背景、P55背景與樹葉投影、P58背景與滿月比較、P62合歡山星空、P64太陽、P65、P66恆星比較與夜空、P68恆星光譜與紅外線探測儀、P69色光、P70唐荷古星圖與大小熊座、P76背景、P77背景、P78背景、P82-83背景、P82仙女座大星系、P84銀河傳說、P85獵戶座、P87背景、P91背景與螞蟻、P92背景、P93杯中宇宙、P94背景、P103太空垃圾、P104訊號背景、P105背景、P107國際太空站、P109背景、P110上下背景、P111宇宙

Wikipedia ● P15、P37獅子座流星暴（1833年）、P66天狼星與太陽比較、P70星座投影、P90可觀測宇宙、P106大耳朵訊號紀錄

P19極光 ● NASA Goddard Space Flight Center/Courtesy of David Cartier, Sr.

P21八大行星（上）● NASA/JPL

P26 ● NASA/Bill Dunford

P28木星衛星 ● NASA/JPL/DLR

P31火星冰冠 ● ESA & MPS for OSIRIS Team MPS/UPD/LAM/IAA/RSSD/INTA/UPM/DASP/IDA

P32毅力號拍攝火星 ● NASA/JPL-Caltech/ASU

P32火星斜坡條紋 ● NASA/JPL-Caltech/Univ. of Arizona

P34土星 ● NASA/JPL/Space Science Institute

P35哈雷彗星 ● NASA NSSDC's Photo Gallery

P37獅子座流星暴（1999年）● NASA/Ames Research Center/ISAS/Shinsuke Abe and Hajime Yano

P45 NEOWISE衛星 ● NASA/JPL-Caltech

P45 DART ● NASA/JHUAPL

P51月球正背面 ● NASA/Goddard/Arizona State University

P51地球初升 ● NASA

P55日食觀測 ● 作者提供

P62星空放大照 ● NASA, ESA, W. Clarkson (Indiana University and UCLA) and K. Sahu (STScI)

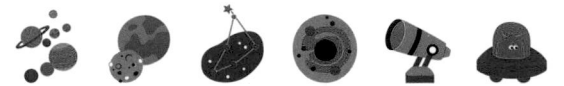

P64 獵戶座大星雲 ● NASA/ESA/M. Robberto/the Hubble Space Telescope Orion Treasury Project Team

P76 人馬座 A* ● NASA/UMass/D.Wang et al., IR: NASA/STScI

P78 銀河系中心 ● ESO/MPE/S. Gillessen et al.

P79 黑洞照 ● EHT Collaboration

P80 雙黑洞 ● The SXS (Simulating eXtreme Spacetimes) Project

P80 LIGO ● Caltech/MIT/LIGO Lab

P82 星系種類 ● NASA/A. Feild (STScI)

P83 銀河系正面 ● NASA/JPL-Caltech/R. Hurt (SSC/Caltech)

P83 銀河系帶狀 ● Y. Beletsky (LCO)/ESO

P83 銀河系側面 ● ESA/ATG medialab

P84 銀河系暗帶 ● ESO/F. Char

P85 草帽星系 ● NASA/ESA and The Hubble Heritage Team (STScI/AURA)

P85 M83 星系 ● NASA/ESA/ the Hubble Heritage Team (STScI/AURA) /William Blair (Johns Hopkins University)

P86 IC1101 星系 ● NASA/ESA/Hubble Space Telescope

P87 ID2299 星系 ● ESO/M. Kornmesser

P90 大霹靂 ● NASA /WMAP Science Team

P95 ALMA ● ALMA (ESO/NAOJ/NRAO)

P95 HST 拍攝深空 ● NASA/ESA/G. Illingworth/D. Magee/P. Oesch (University of California, Santa Cruz) /R. Bouwens (Leiden University) /the HUDF09 Team

P95 先鋒 11 號 ● NASA

P96 子彈星系團 ● NASA/CXC/M. Weiss

P99 宇宙發展模型 ● NASA & ESA

P102 太空衣上與下 ● NASA

P104 木衛二 ● NASA/JPL/DLR

P105 克卜勒與地球比較 ● NASA/Ames Research Center/Daniel Rutter

P106 羅賽塔號拍攝照 ● ESA/Rosetta/NAVCAM

P108 太空人種植蔬菜 ● NASATV

P108 百日菊 ● NASA/Scott Kelly

P108 克卜勒 16 雙星系統 ● NASA/JPL-Caltech/R. Hurt

P108 HD98800 四星系統 ● NASA/JPL-Caltech/T. Pyle (SSC)

P109 航海家與黃金唱片三張圖照 ● NASA/JPL-Caltech

P112 歲差 ● NASA/JPL-Caltech

P113 ALMA 陣列 ● ALMA/ Wingsforscience / Clem & Adri Bacri-Normier

P113 格陵蘭望遠鏡 ● 中央研究院天文及天文物理研究所。

作繪者簡介

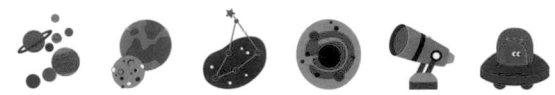

朱有花　總監修

1981年於美國加州大學柏克萊分校取得天文學博士學位，伊利諾大學香檳分校榮譽教授、美國天文學會及國際天文聯合會會員，在國際期刊發表的學術論文有兩百餘篇。曾任中央研究院天文及天文物理研究所所長、中華民國天文學會理事長。現為中研院天文所特聘研究員。

周美吟　作者

畢業於臺大數學系及中央天文所碩士班，於2010年取得美國維吉尼亞大學天文學博士。回臺後任職於中央研究院天文及天文物理研究所，研究專長是銀河系結構和恆星形成，目前是中研院天文所的教育推廣計畫科學家。

歐柏昇　作者

臺大物理系碩士班畢業，目前攻讀博士班，研究興趣是恆星演化與星際物質。現任中華民國全國大學天文社聯盟理事長，並曾在多家科學媒體發表文章。

陳彥伶　繪者

美國紐約普瑞特藝術學院視覺傳達設計碩士。我相信有外星人！所以當我知道要繪製宇宙插畫時，非常的興奮。越是畫到後面章節，越覺得宇宙之大，有太多未知等著我們去探索，同時也更確信地球是一顆獨一無二的星球，而我是居住在這顆美麗星球上的地球人。作品曾榮獲兒童文學牧笛獎、《企鵝演奏會》榮獲信誼幼兒文學獎、《天氣100問》入選金鼎獎優良推薦讀物。FB粉絲專頁：老鼠愛說話（mouse.chit.chat）

（●● 少年知識家）

天文100問

最強圖解 × 超酷知識
破解一百個不可思議的宇宙祕密

總監修	朱有花
作者	周美吟、歐柏昇
繪者	陳彥伶
責任編輯	林欣靜、戴淳雅
美術設計	TODAY STUDIO
行銷企劃	劉盈萱
天下雜誌群創辦人	殷允芃
董事長兼執行長	何琦瑜
媒體暨產品事業群	
總經理	游玉雪
副總經理	林彥傑
總編輯	林欣靜
行銷總監	林育菁
主編	楊琇珊
版權主任	何晨瑋、黃微真
出版者	親子天下股份有限公司
地址	台北市104建國北路一段96號4樓
電話	（02）2509-2800　傳真　（02）2509-2462
網址	www.parenting.com.tw
讀者服務專線	（02）2662-0332　週一～週五：09：00～17：30
讀者服務傳真	（02）2662-6048
客服信箱	parenting@cw.com.tw
法律顧問	台英國際商務法律事務所　‧　羅明通律師
製版印刷	中原造像股份有限公司
總經銷	大和圖書有限公司　電話　（02）8990-2588
出版日期	2021年9月　第一版第一次印行
	2024年4月　第一版第九次印行
定價	500元
書號	BKKKC185P
ISBN	978-626-305-058-7（精裝）

國家圖書館出版品預行編目資料

天文100問：最強圖解×超酷知識　破解一百個不可思議的宇宙祕密/周美吟、歐柏昇　文；陳彥伶　圖. -- 第一版. -- 臺北市：親子天下，2021.09　120面：21*29.7　公分 --
ISBN 978-626-305-058-7（精裝）

320　　　　　　　　　　110010917

有聲故事書

訂購服務

親子天下 Shopping	shopping.parenting.com.tw
海外‧大量訂購	parenting@cw.com.tw
書香花園	台北市建國北路二段6巷11號　電話　（02）2506-1635
劃撥帳號	50331356 親子天下股份有限公司

立即購買 ＞